高等学校计算机专业规划教材

HTML5 网页设计教程

孙甲霞 吕莹莹 李学勇 金松林 郑颖 编著

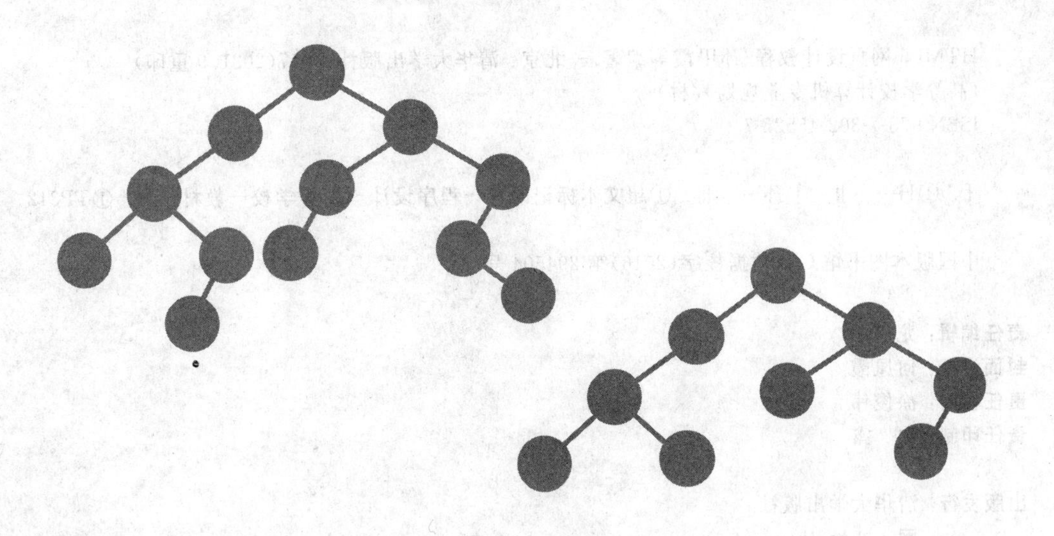

清华大学出版社
北京

内容简介

本书依据互联网行业对Web前端开发工程师岗位技术与能力的要求，结合作者长期在网页设计教学中积累的经验，由浅入深、循序渐进地介绍了HTML5、CSS3、JavaScript等前端网页设计技术。

全书共分为13章，全面讲述HTML5、CSS3和JavaScript技术。第1～8章重点介绍网页设计的相关概念、HTML5语言基础和网页设计开发工具Sublime Text的使用；第9、10章讲解CSS3样式表与网页布局的相关知识；第11、12章讲述JavaScript语言的相关内容和前台动态页面的制作；第13章讲解HTML5高级应用技术。

本书图文并茂、通俗易懂，可作为高等学校计算机科学与技术、软件工程、信息管理与信息系统、网络工程、物联网工程、信息科学技术、数字媒体技术及其他文、理科相关专业或计算机公共基础的"网页开发与设计"、"网页制作"、"Web编程技术"、"Web前端开发技术"等课程教学的教材，也可作为网页设计初学者快速入门的自学读物。

图书在版编目(CIP)数据

HTML5网页设计教程/孙甲霞等编著. —北京：清华大学出版社，2017(2021.9重印)
(高等学校计算机专业规划教材)
ISBN 978-7-302-45525-7

Ⅰ.①H… Ⅱ.①孙… Ⅲ.①超文本标记语言－程序设计－高等学校－教材 Ⅳ.①TP312

中国版本图书馆CIP数据核字(2016)第294504号

责任编辑：龙启铭
封面设计：何凤霞
责任校对：徐俊伟
责任印制：沈　露

出版发行：清华大学出版社
网　址：http://www.tup.com.cn，http://www.wqbook.com
地　址：北京清华大学学研大厦A座　　邮　编：100084
社 总 机：010-62770175　　邮　购：010-62786544
投稿与读者服务：010-62776969，c-service@tup.tsinghua.edu.cn
质量反馈：010-62772015，zhiliang@tup.tsinghua.edu.cn
课件下载：http://www.tup.com.cn，010-62795954
印 装 者：北京国马印刷厂
经　销：全国新华书店
开　本：185mm×260mm　　**印　张**：16.75　　**字　数**：398千字
版　次：2017年1月第1版　　**印　次**：2021年9月第5次印刷
定　价：39.00元

产品编号：070539-01

前言

随着HTML5、CSS3和JavaScript技术的广泛应用，Web前端开发者的工作量大大减轻，开发成本不断降低，三者是Web项目开发中非常重要的开发技术。HTML5跨平台的优势使其在未来的技术市场中逐渐发展成为主流开发技术，占据越来越重要的地位。本书以HTML5为主体，搭配CSS3和JavaScript，并且立足于当前网络行业，成为您充实自己实力或踏入网页设计领域的最好帮手。

1. 本书内容

全书共分为13章，各章节主要内容如下：

第1章主要对Internet与Web技术进行概述。包括Internet与万维网、域名、URL等概念，以及开发工具sublime text的安装和使用。

第2章介绍HTML5的网页文档结构。包括HTML5文档的基本框架、标记和标记属性等语法，为编写Web程序打下基础。

第3章介绍HTML5文档文字与段落的处理，包括文字内容、文字修饰、段落等常用标记。

第4章介绍用HTML5建立超链接。包括文字、图片、邮箱的超链接，锚点的使用和相对路径与绝对路径的概念等。

第5章介绍用HTML5创建列表。包括无序列表、有序列表、嵌套列表和自定义列表。

第6章介绍多媒体的应用。包括图片、音频和视频的应用。

第7章介绍用HTML5创建表格。包括表格的常用属性、样式设计、表格嵌套等。

第8章介绍使用表单。包括表单概述、表单基本元素的使用和表单的验证方法和属性等。

第9章介绍HTML5的高级应用。包括画布、地理位置、Web存储、应用缓存等高级应用技术。

第10章介绍CSS3基础。包括CSS3基础语法、选择器、媒体查询等。

第11章介绍CSS3的高级应用。包括Div元素、导航栏设计、动画设计等。

第12章介绍JavaScript基本语法和内置对象。包括JavaScript简介、数据类型与变量、运算符与表达式、流程控制语句和函数、字符串对象、数学对象、日期对象和数组对象等。

第13章介绍JavaScript的对象编程。包括常用对象、DOM操作和事件编程。

2. 本书特色

(1) 知识全面,内容丰富。内容由浅入深,涵盖了所有HTML5、CSS3和JavaScript知识点,便于读者全面掌握网页设计技术。

(2) 循序渐进,难度适中。知识结构安排合理,把知识点融汇于案例实训中,并且结合经典案例进行讲解和拓展,帮助读者快速入门。

(3) 理论与实际紧密结合。书中穿插大量综合案例,帮助读者学习理论知识的同时,更好地结合开发实践,掌握网页设计工作中解决实际问题的方法。

(4) 结合最新工具,高效开发。本书采用Web开发中广泛应用的Sublime Text3开发工具进行讲述,使读者在学习知识的同时,能够熟练高效地使用工具。

(5) 配套资源完善。为帮助读者更好地使用本教材进行学习,教材配套相关教学资源,提供免费的图片、代码等相关素材,还特别为教师提供PowerPoint教案,方便教师授课使用。

3. 读者对象

本书适合作为高等学校计算机科学与技术、软件工程、信息管理与信息系统、网络工程、物联网工程、信息科学技术、数字媒体技术及其他文、理科相关专业或计算机公共基础的"网页开发与设计"、"网页制作"、"Web编程技术"、"Web前端开发技术"等课程教学的教材,也可作为网页设计初学者快速入门的自学读物。书中大量的示例模拟了真实的网页设计案例,对读者的学习有现实的借鉴意义。

4. 作者团队

本书作者孙甲霞、吕莹莹、李学勇等长期从事网页设计课程教学工作。孙甲霞编写第1～3章,吕莹莹编写第4～7章,金松林编写第8～10章,李学勇编写第11～13章,另外,在本书的编写过程中,牛燕尾在素材的整理等工作中也付出了辛勤的劳动,才能使此书和读者见面。在本书的编写过程中,我们力求精益求精,但由于水平有限,书中难免有不足之处,恳请读者谅解。读者如果遇到问题或有意见和建议,敬请与我们联系,我们将全力提供帮助。

编　者

2017年1月

目录

第3章 文字与段落 /27

第4章 超链接 /39

第 9 章　CSS3 基础　/115

第 10 章　CSS3 高级应用　/155

第 1 章

Internet 与 Web 基础

本章主要介绍 Internet 与 Web 技术的基础知识和原理，包括 Internet 与万维网、域名与统一资源定位器(URL)、浏览器与服务器，超文本标记语言 HTML 与 HTML5、网站的组成、Web 前端开发相关技术 CSS、JavaScript 以及 Sublime Text 的使用简介。

本章重点

- 了解 Internet 的由来与相关基础知识
- 了解 HTML 语言和 Web 前端的相关技术
- 掌握 Sublime Text 的安装与使用

1.1 Internet 与万维网

Internet 译名“因特网”，也称国际互联网。Internet 是一个把世界范围内的计算机、人、数据库、软件和文件通过一个共同的通信协议(TCP/IP 协议)连接起来相互会话的网络。

该网络集合了全球丰富的信息资源和系统资源，进入 Internet 后就可以利用其中各个网络和各种计算机上无穷无尽的资源，与世界各地的人们进行通信和交换信息，享受 Internet 提供的各种服务。Internet 所提供的服务包括：

(1) WWW 服务。

(2) 电子邮件服务。

(3) 远程登录服务。

(4) 文件传输服务。

(5) 电子公告栏服务。

(6) 新闻服务。

(7) 电子商务。

(8) 电子政务。

Web，全称是 World Wide Web，缩写为 WWW，译名“万维网”或“全球信息网”等。

Web 是 Internet 提供的一种服务，是基于 Internet、采用 Internet 协议的一种体系结构，因而它可以访问 Internet 的每一个角落。它以 Internet 为依托，以超文本标记语言 HTML(Hyper Text Markup Language)与超文本传输协议 HTTP(Hyper Text Transfer Protocol)为基础，向用户提供统一访问界面的 Internet 信息浏览系统。

近年来，Web 得到了迅猛的发展，Web 技术几乎已进入所有的信息领域，如新闻、广告、信息服务、电子商务、电子政务和企业事业管理系统等。

注意：internet 小写代表互联网，Internet 大写代表因特网。

1.1.1 Internet 的诞生与发展

Internet 是在美国早期的军用计算机网 ARPANET(阿帕网)的基础上经过不断发展变化而形成的。Internet 的起源主要可分为以下几个阶段。

1. Internet 的雏形阶段

1969 年，美国国防部高级研究计划局(Advanced Research Projects Agency)开始建立一个命名为 ARPANET 的网络。当时建立这个网络的目的是出于军事需要，计划建立一个计算机网络，当网络中的一部分被破坏时，其余网络部分会很快建立起新的联系。人们普遍认为这就是 Internet 的雏形。

2. Internet 的发展阶段

美国国家科学基金会(National Science Foundation，NSF)在 1985 开始建立计算机网络 NSFNET。NSF 规划建立了 15 个超级计算机中心及国家教育科研网，用于支持科研和教育的全国性规模的 NSFNET，并以此作为基础，实现同其他网络的连接。1989 年 MILNET(国际互联网的前身)实现和 NSFNET 连接后，就开始采用 Internet 这个名称。自此以后，其他部门的计算机网络相继并入 Internet，ARPANET 就宣告解散了。

3. Internet 的商业化阶段

20 世纪 90 年代初，商业机构开始进入 Internet，使 Internet 开始了商业化的新进程，成为 Internet 发展的强大推动力。1995 年，NSFNET 停止运作，Internet 已彻底商业化了。

1.1.2 万维网的诞生

20 世纪 40 年代以来，人们就梦想能拥有一个世界性的信息库。在这个信息库中，信息不仅能被全球的人们存取，而且能轻松地链接到其他地方的信息，使得用户可以方便快捷地获得重要的信息。

最早的网络构想可以追溯到遥远的 1980 年蒂姆·伯纳斯·李构建的 ENQUIRE 项目。这是一个类似维基百科的超文本在线编辑数据库。

1989 年 3 月，伯纳斯·李撰写了《关于信息化管理的建议》一文，文中提及 ENQUIRE 并且描述了一个更加精巧的管理模型。1990 年 11 月 13 日他在一台 NeXT 工作站上写了第一个网页以实现他文中的想法。在那年的圣诞假期，伯纳斯·李制作了一个网络工作所必须的所有工具：第一个万维网浏览器(同时也是编辑器)和第一个网页服务器。

1991 年 8 月 6 日，他在 alt.hypertext 新闻组上贴了万维网项目简介的文章，标志着因特网上万维网公共服务的首次亮相。

1994 年 6 月，北美的中国新闻计算机网络(China News Digest)，即 CND，在其电子出版物《华夏文摘》上将 World Wide Web 称为“万维网”，这样其中文名称汉语拼音也是以 WWW 开始。万维网这一名称后来被广泛采用。在中国台湾，“全球资讯网”这一名称则是比较直接的意译。

1.2　统一资源标识符和域名

万维网信息分布在全球，要快速方便地找到所需信息就必须定位到资源的所在位置。统一资源定位符就是用来确定信息位置的方法。而域名是上网单位和个人在网络上的重要标识，起着识别作用，便于他人识别和检索某一企业、组织或个人的信息资源，从而更好地实现网络上的资源共享。通俗地说，域名就相当于一个家庭的门牌号码，别人通过这个号码可以很容易地找到你。

1.2.1　统一资源定位符

统一资源定位符(URL)是用于完整地描述Internet上网页和其他资源的地址的一种标识方法，是对Internet上资源的位置和访问方法的一种简洁表示。

Internet上的每一个网页或资源都具有一个唯一的URL标识，也称为URL地址，这个地址可以是本地磁盘上的文件，也可以是局域网上的某一台计算机，更多的是Internet上的站点。URL通过定义资源位置的抽象标识来定位网络资源，其格式如下：

```
<通信协议>://<主机名或IP地址>:<端口号>/<文件路径>
```

1. 通信协议

通信协议是指使用哪种Internet的通信协议来连接服务器，包括ftp(文件传输服务)、http(超文本传输服务)、Telnet(远程登录服务)、gopher(Gopher服务)、mailto(电子邮件地址)、news(提供网络新闻服务)和wais(提供检索数据库信息服务)等。

2. 主机名

主机名是要访问的服务器的全名(服务器全名包括域名和主机名)，也可以是服务器的IP地址，表明服务器在网络中的位置。

3. 端口号

对某些资源的访问，主机名后还要加端口号，以便操作系统用来辨别特定信息服务的软件端口。域名与端口号之间用冒号隔开。一般情况下，服务器程序采用标准的保留端口号，所以可以省略端口号。

4. 文件路径

文件路径是服务器上保存目标文件的目录，它是浏览器访问的最终目标。以下是一些URL的例子：

```
http://www.microsoft.com:23/exploring/exploring.html
http://www.whitehouse.gov
telnet://bbs.nstd.edu
ftp://ftp.microsoft.com/
mailto:jt747 @ms.hinet.net
file://c:/temp/abc.html
```

注意：“://”是URL规范要求的标记。

1.2.2 域名

IP 地址是计算机网络设备的地址标识，但对于网络用户来说，由数字组成的 IP 地址是难以记忆的。为此 TCP/IP 协议中提供了域名服务系统（DNS），允许为主机分配字符名称，即域名。在网络通信中由 DNS 自动实现域名与 IP 地址的转换。例如，百度的 IP 地址为 202.108.22.5，同时用域名 www.baidu.com 也能访问到同一网址。

Internet 中的域名采用分级命名，其基本结构如下：

主机名.三级域名.二级域名.顶级域名

域名的结构和管理方式如下：

首先，DNS 将整个 Internet 划分成多个域，称为顶级域，并为每个顶级域规定了国际通用的域名。顶级域名采用两种划分模式：组织模式和地理模式。常见的组织机构类别如表 1-1 所示。

表 1-1 顶级域名中常见的组织机构类别

域名	类别	域名	类别
.com	工、商、金融等企业	.biz	工商企业
.edu	教育机构	.int	国际组织
.gov	政府组织	.org	非盈利组织
.mil	军事部门	.info	信息相关机构
.net	网络相关机构	.name	个人网站
.coop	合作机构	.areo	航空运输
.pro	医生、律师、会计专用	.museum	博物馆

域名中常见的地理区域如表 1-2 所示。

表 1-2 顶级域名中常见的地理区域

域名	国家和地区	域名	国家和地区
.cn	中国大陆	.us	美国
.ru	俄罗斯	.in	印度
.ca	加拿大	.hk	中国香港地区
.uk	英国	.sg	新加坡
.de	德国	.tw	中国台湾地区
.jp	日本	.mo	中国澳门地区
.fr	法国	.kr	韩国

其次，Internet 的域名管理机构将顶级域的管理权分派给指定的管理机构，各管理机构对其管理的域进行划分，即划分成二级域，并将二级域的管理权授予其下属的管理机构，依此类推，便形成了树形域名结构。

1.3 浏览器与服务器

网络信息服务在逻辑上采用浏览器/服务器(Browser/Server,简称B/S模型)工作模式,一般用户的计算机称为客户机,用于提供服务的机器称为服务器。

1.3.1 B/S模型

B/S结构(Browser/Server,浏览器/服务器模式),是Web兴起后的一种网络结构模式,Web浏览器是客户端最主要的应用软件。这种模式统一了客户端,将系统功能实现的核心部分集中到服务器上,简化了系统的开发、维护和使用。客户机上只要安装一个浏览器(Browser),如Internet Explorer(微软公司出品的浏览器)、Chrome(谷歌浏览器)、Firefox(火狐浏览器)、Opera(欧朋浏览器),服务器安装Oracle、Sybase、Informix或SQL Server等数据库。浏览器通过Web服务器同数据库进行数据交互。这样就大大简化了客户端电脑载荷,减轻了系统维护与升级的成本和工作量,降低了用户的总体成本(TCO),如图1-1所示。

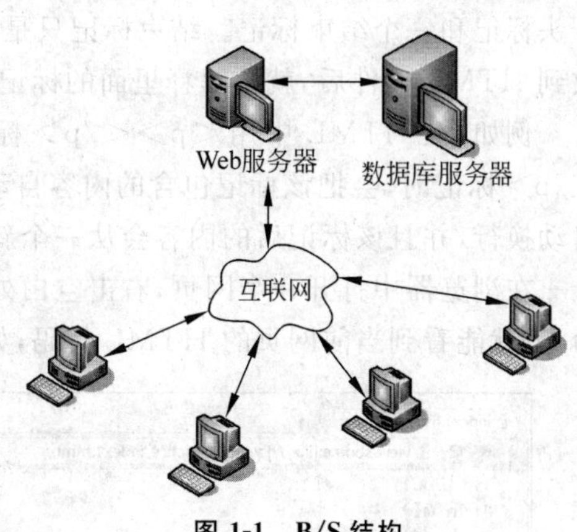

图1-1 B/S结构

由于C/S结构存在的种种问题,因此人们又在它原有的基础上提出了一种具有三层模式(3-Tier)的应用系统结构浏览器/服务器(B/S)结构。B/S结构是伴随着因特网的兴起,对C/S结构的一种改进。从本质上说,B/S结构也是一种C/S结构,它可看作是一种由传统的二层模式C/S结构发展而来的三层模式C/S结构在Web上应用的特例。

B/S结构主要是利用了不断成熟的Web浏览器技术,结合浏览器的多种脚本语言和ActiveX技术,用通用浏览器实现原来需要复杂专用软件才能实现的强大功能,同时节约了开发成本。

B/S结构最大的优点就是可以在任何地方进行操作而不用安装任何专门的软件,只要有一台能上网的计算机就能使用,客户端零安装、零维护。系统的扩展非常容易。

B/S结构的使用越来越多,特别是由需求推动了AJAX技术的发展,它的程序也能在客户端计算机上进行部分处理,从而大大的减轻了服务器的负担;并增加了交互性,能进行局部实时刷新。

1.4 HTML语言与HTML5

万维网成功的根源,是一种基于文本的标记语言——HTML。网页是通过HTML格式写成的,HTML通过标记(Tag)式指令,将声音、图片、影像和文字等连接并显示出来。HTML是符合SGML(Standard Generalized Markup Language,标准通用标记语

言)语法的一种固定格式的超文本标记语言。当打开 HTML 页面时,浏览器将自动解释标记的含义,并按标记指明的格式展示内容。

1.4.1 HTML 语言

HTML(Hyper Text Markup Language)即超文本标记语言,是一种用来制作超文本文档的简单标记语言,也是制作网页的最基本的语言之一。HTML 文档可以直接由浏览器运行。

HTML 最基本的语法是<标记符></标记符>。标记符通常是成对使用,有一个开头标记和一个结束标记。结束标记只是在开头标记的前面加一个斜杠"/"。当浏览器收到 HTML 文件后,就会解释里面的标记符,然后把标记符表达的功能展示出来。

例如,在 HTML 中用<p></p>标记符来定义一个段落。当浏览器遇到<p></p>标记时,会把该标记包含的内容自动形成一个段落。但遇到
标记符时,会自动换行,并且该标记后的内容会从一个新行开始。

在浏览器中打开一个网页,右击空白处,在弹出的快捷菜单中选择【查看源文件】菜单命令,就能看到当前网页的 HTML 代码,如图 1-2 所示。

```
index1.html
view-source:file:///E:/code/practice/index1.html
1  <!DOCTYPE html>
2  <html>
3  <head>
4          <title>HTML5</title>
5          <link rel="stylesheet" type="text/css" href="16.css">
6  </head>
7  <body>
8          <header>
9                  <h1>Header</h1>
10         </header>
11         <div id="container">
12                 <nav>
13                         <h3>Nav</h3>
14                         <a href="">新闻中心</a>
15                         <a href="">产品展示</a>
16                         <a href="">人才招聘</a>
17                         <a href="">关于我们</a>
18                 </nav>
19                 <section>
20                         <h2>section</h2>
21                         <article>
22                                 <header><h1>Article Header</h1></header>
23                                 <p>An article should make sense on its own and it should be
possible to distance it ts own and it should be possible to distance it </p>
24                                 <footer><h2>Article Footer</h2></footer>
25                         </article>
```

图 1-2 网页的 HTML 代码

1.4.2 HTML 的最新版本——HTML5

HTML 是一种描述语言,而不是一种编程语言,主要用于描述超文本中内容的显示方式。标记语言从诞生至今,经历了 20 多年,发展过程中也有很多曲折,经历的版本及发布日期如表 1-3 所示。

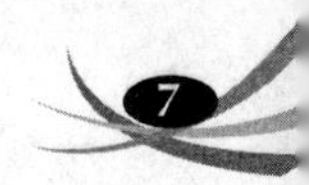

表 1-3　HTML 发展历程

版　　本	发布日期	说　　明
超文本标记语言	1993 年	互联网工程工作小组(IETF)工作草案发布
HTML2.0	1995 年	作为 RFC1866 发布，在 RFC2854 于 2000 年 6 月发布之后被宣布过时
HTML3.2	1996 年	W3C 推荐标准
HTML4.0	1997 年	W3C 推荐标准
HTML4.01	1999 年	微小改进，W3C 推荐标准
ISO HTML	2000 年	基于严格的 HTML4.01 语法，是国际标准化组织和国际电工委员会的标准
XHTML1.0	2000 年	W3C 推荐标准(修订后于 2008 年重新发布)
XHTML1.1	2001 年	较 1.0 有微小改进
HTML5 草案	2008 年	HTML5 的第一份正式草案
HTML5 标准制定完成	2014 年	W3C 宣布 HTML5 标准制定完成并发布

HTML5 有两大特点：首先，强化了 Web 网页的表现性能。其次，追加了本地数据库等 Web 应用的功能。广义论及 HTML5 时，实际指的是包括 HTML、CSS 和 JavaScript 在内的一套技术组合。它希望能够减少浏览器对于需要插件的丰富性网络应用服务（plug-in-based rich internet application，RIA），如 Adobe Flash、Microsoft Silverlight，与 Oracle JavaFX 的需求，并且提供更多能有效增强网络应用的标准集。

HTML5 还增加了许多新的特性，这些新元素的加入使 HTML5 能够实现以往客户端软件才能实现的功能。

1. 新的元素

HTML5 提供了一些新的元素和属性，一些过时的 HTML 标记被取消。HTML5 中定义新元素见表 1-4。

表 1-4　HTML5 新元素

标　　签	描　　述
<article>	定义页面独立的内容区域
<aside>	定义页面的侧边栏内容
<bdi>	允许设置一段文本，使其脱离其父元素的文本方向设置
<command>	定义命令按钮，比如单选按钮、复选框或按钮
<details>	用于描述文档或文档某个部分的细节
<dialog>	定义对话框，比如提示框
<summary>	标签包含 details 元素的标题

续表

标　　签	描　　述
<figure>	规定独立的流内容(图像、图表、照片、代码等)
<figcaption>	定义 <figure> 元素的标题
<footer>	定义 section 或 document 的页脚
<header>	定义了文档的头部区域
<mark>	定义带有记号的文本
<meter>	定义度量衡。仅用于已知最大和最小值的度量
<nav>	定义运行中的进度(进程)
<ruby>	定义 ruby 注释(中文注音或字符)
<rt>	定义字符(中文注音或字符)的解释或发音
<rp>	在 ruby 注释中使用,定义不支持 ruby 元素的浏览器所显示的内容
<section>	定义文档中的节(section)
<time>	定义日期或时间
<wbr>	规定在文本中的何处适合添加换行符

2. 新的 API

除了原先的 DOM 接口,HTML5 增加了更多样化的 API。下面是 HTML5 一些有趣的新特性。

(1) Canvas API:动态生成图形、图表、图像以及动画。

(2) Audio 与 Video API:为开发者提供了一套通用的、集成的、脚本式的处理音频与视频的 API,而无需安装任何插件。

(3) Form API:包含多个新的表单输入类型。这些新特性提供了更好的输入控制和验证。

(4) Web Storage API:在客户端浏览器中以键值的形式在本地存储数据,无论用户离开站点还是关闭浏览器后再次打开时存储数据都会存在。

(5) Communication API:构建实时(real-time)和跨源(cross-origin)通信。

(6) Geolocation API:用户可共享地理位置,并在 Web 应用的协助下享用位置感知服务。

(7) Drag and Drop API:通过鼠标对目标元素进行拖放操作。

(8) File API:处理文件上传和操作文件。

(9) Web SQL Database API:允许应用程序通过一个异步的 JavaScript 接口访问数据库。

提示:HTML 语言是不区分大小写的。

1.5 Web前端开发相关技术

1.5.1 CSS

CSS样式表(Cascading Style Sheets,CSS),又称为层叠式样式表,由W3C(World Wide Web Consortium)组织开发的。CSS样式是预先定义的一个格式集合,包括字体、大小、颜色、对齐方式等。利用CSS样式可以使整个站点的风格保持一致,是网页设计中用途最广泛、功能最强大的元素之一。

样式表的目的就是将结构和格式分离。样式表将定义结构和定义格式的两部分相互分离,从而使网页设计人员能够对网页的布局施加更多的控制。HTML仍可以保持简单明了的初衷,而样式表代码独立出来后则从另一角度控制网页外观。

利用样式表,可以将站点上所有的网页都指向某个CSS文件,用户只需要修改CSS文件中的某一行,那么整个站点都会随之发生改变。这样,通过样式表就可以将许多网页的风格格式同时更新,不用再一页一页地更新。

下面的例1-1给出了网页中添加CSS的代码和运行效果。

```
<!--例 1-1-->
<!DOCTYPE html>
<html>
    <head>
        <title></title>
        <style>
            P{
                font-size:50px;
                color:red;
                text-deceration:line
            }
        </style>
    </head>
    <body>
    </body>
</html>
```

在例1-1中,使用了CSS的所有P标签都应用该style样式,而不需要在每一个html标签中再写一遍。

1.5.2 JavaScript

1. JavaScript概述

JavaScript是一种基于对象(Object)和事件驱动(Event Driven)并具有安全性能的脚本语言。使用它的目的是与HTML超文本标记语言、Java脚本语言(Java小程序)一起实现在一个 Web 页面中链接多个对象，与 Web 客户交互作用，它是通过嵌入或调入在标准的 HTML 语言中实现的，它的出现弥补了 HTML 语言的缺陷。

2. JavaScript 的特点

JavaScript 是一种脚本编写语言，它采用小程序段的方式实现编程，同时它也是基于对象的语言。

JavaScript 是一种基于 Java 基本语句和控制流之上的简单而紧凑的设计，从而对于学习 Java 是一种非常好的过渡。其次，它的变量类型是采用弱类型，并未使用严格的数据类型。

JavaScript 是一种安全性语言，它不允许访问本地的硬盘，不能将数据存入到服务器上，不允许对网络文档进行修改和删除，只能通过浏览器实现信息浏览或动态交互，从而有效地防止数据的丢失。

JavaScript 是动态的，它可以直接对用户或客户输入做出响应，无须经过 Web 服务程序。它对用户的响应是采用以事件驱动的方式进行的。所谓事件驱动，就是指在主页(Home Page)中执行了某种操作所产生的动作，就称为“事件”(Event)。比如按下鼠标、移动窗口、选择菜单等都可以视为事件。当事件发生后，可能会引起相应的事件响应。

JavaScript 是依赖于浏览器本身，与操作环境无关，只要能运行浏览器的计算机，并支持 JavaScript 的浏览器就可正确执行，从而实现了“编写一次，走遍天下”的梦想。

1.6 Sublime Text 简介

工欲善其事，必先利其器。虽然使用记事本也能编写 HTML 文件，但是编写效率太低，本书选择了现在非常流行的工具——Sublime Text。Sublime Text 是一个轻量、简洁、高效、跨平台的编辑器，它方便的配色以及兼容 vim 快捷键等各种优点，博得了很多前端开发人员的喜爱!

1.6.1 Sublime Text 的安装

1. 安装与初始化配置

Sublime Text 官方网站为 http://www.sublimetext.com。

如图 1-3 是 Sublime Text 下载的样例页面。

2. 个人风格配置

与其他 GUI 环境下的编辑器不同，Sublime Text 并没有一个专门的配置界面，它使用 JSON 配置文件，选择 Preferences 菜单，Setting User 命令，如图 1-4 所示。

参考设置如下：

```
{"font_size": 15,                //字体大小
"font_face": "Consolas",         //字体类型
"line_padding_top": 2,           //设置每一行到顶部，以像素为单位的间距，效果相当于行距
```

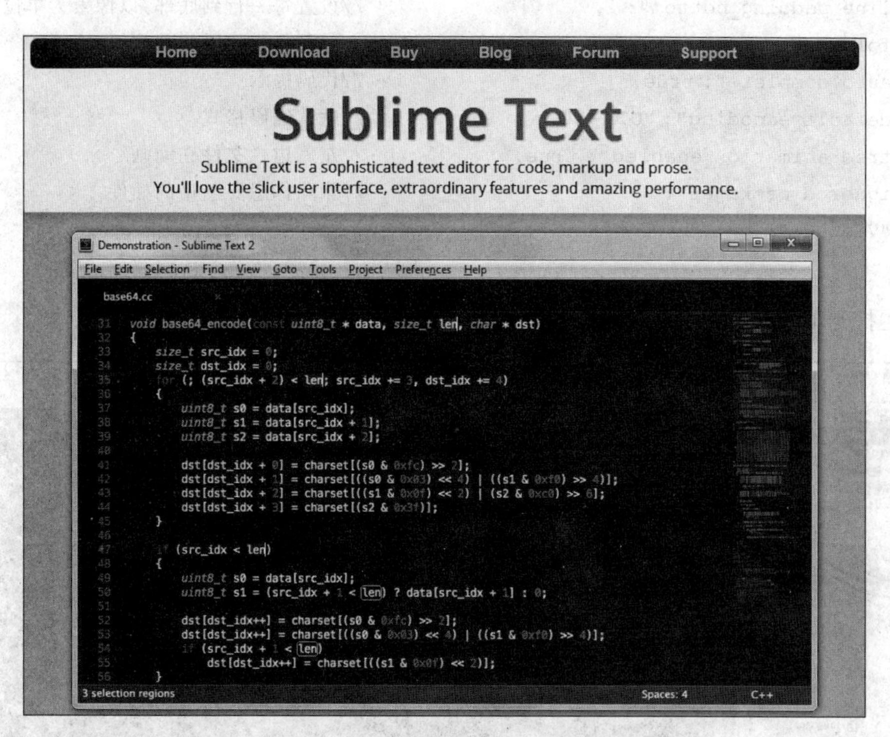

图 1-3 Sublime Text 下载网站

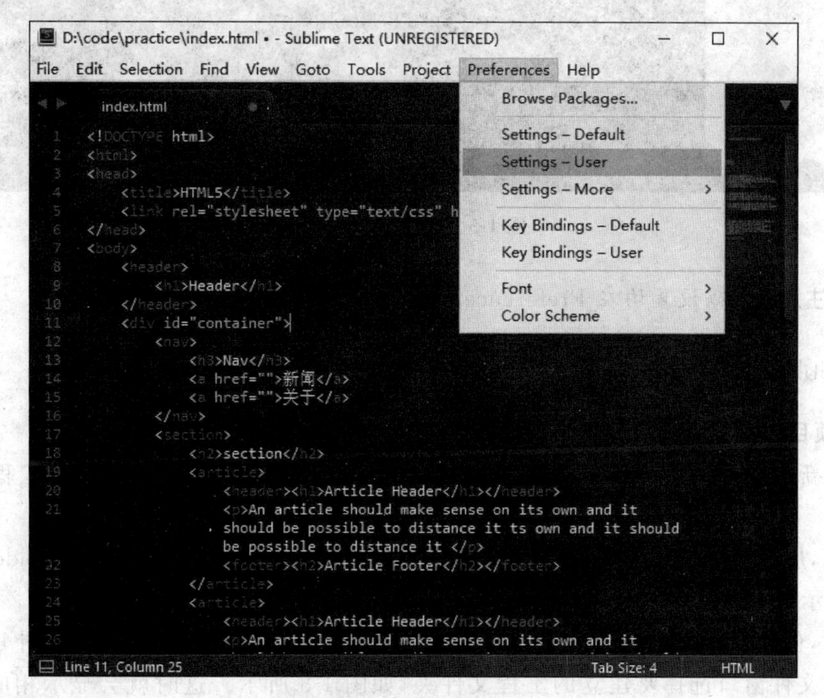

图 1-4 设置用户风格

```
"line_padding_bottom": 2,                    //设置每一行到底部,以像素为单位的间距
"fold_buttons": true,                        //是否显示代码折叠按钮
"auto_complete": true,                       //代码提示
"default_encoding": "UTF-8",                 //默认编码格式
"tree_animation_enabled": true,              //左侧边栏文件夹动画
"ignored_packages":                          //删除你想要忽略的插件
["Vintage"]
}
```

在打开的文件中重写入个人的设置,如图 1-5 所示。

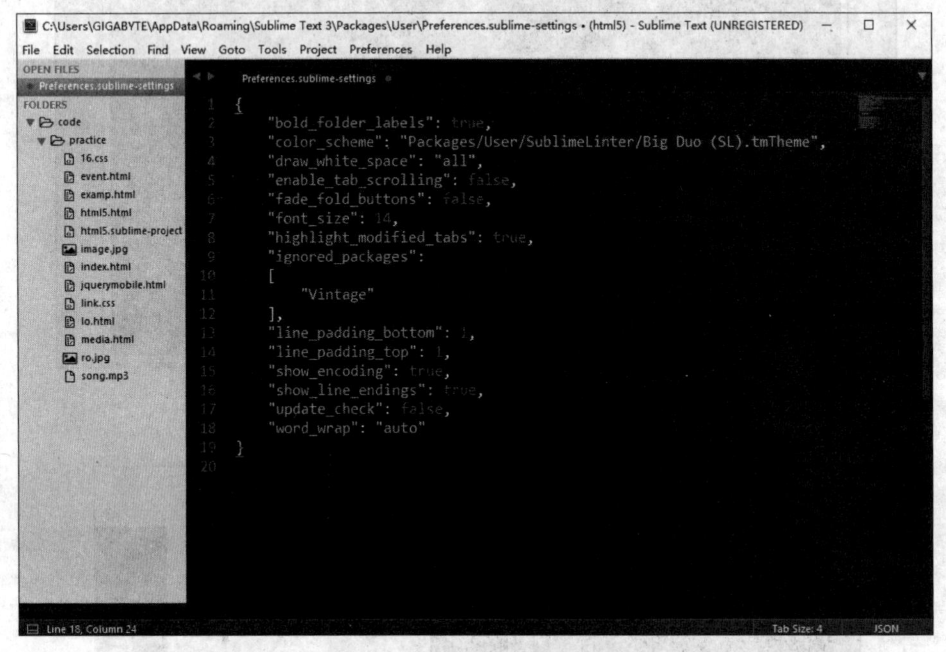

图 1-5 修改个人设置

注意:代码设置均在 Preferences→Settings-User 中写入。

1.6.2 Sublime Text 的使用

1. 项目工程

(1) 新建工程。Sublime Text 可以把指定的一个或多个文件夹当作工程的工作空间。

首先,展开 Site Bar:选择 View 菜单,在 Site Bar 子菜单中选择 Show Side Bar,如图 1-6 所示。

其次,创建工程:选择 Project 菜单,单击 Add Folder to Project 命令,如图 1-7 所示,在弹出的文件窗口选择要建立的工程文件夹,如图 1-8 所示。这时就会显示相应目录下的目录树,如图 1-9 所示。如果还需添加其他文件夹,重复创建工程操作即可。

```
D:\code\practice\index.html • - Sublime Text (UNREGISTERED)
File  Edit  Selection  Find  View  Goto  Tools  Project  Preferences  Help
OPEN FILES
  index.html
                index.html
1   <!DOCTYPE html>
2   <html>
3   <head>
4       <title>HTML5</title>
5       <link rel="stylesheet" type="text/css" href="16.css">
6   </head>
7   <body>
8       <header>
9           <h1>Header</h1>
10      </header>
11      <div id="container">
12          <nav>
13              <h3>Nav</h3>
14              <a href="">新闻</a>
15              <a href="">关于</a>
16          </nav>
17          <section>
18              <h2>section</h2>
19              <article>
20                  <header><h1>Article Header</h1></header>
21                  <p>An article should make sense on its own and it should be
                    possible to distance it ts own and it should be possible to
                    distance it </p>
22                  <footer><h2>Article Footer</h2></footer>
23              </article>
24              <article>
25                  <header><h1>Article Header</h1></header>
26                  <p>An article should make sense on its own and it should be
                    possible to distance it ts own and it should be  </p>
27                  <p>An article should make sense on its own and it should be
                    possible to distance it ts own and it should be  </p>   <footer
                    ><h2>Article Footer</h2></footer>
28              </article>
29          </section>
30          <aside>
31              <h3>Aside</h3>
Line 11, Column 25                                        Tab Size: 4     HTML
```

图 1-6　展开 Site Bar

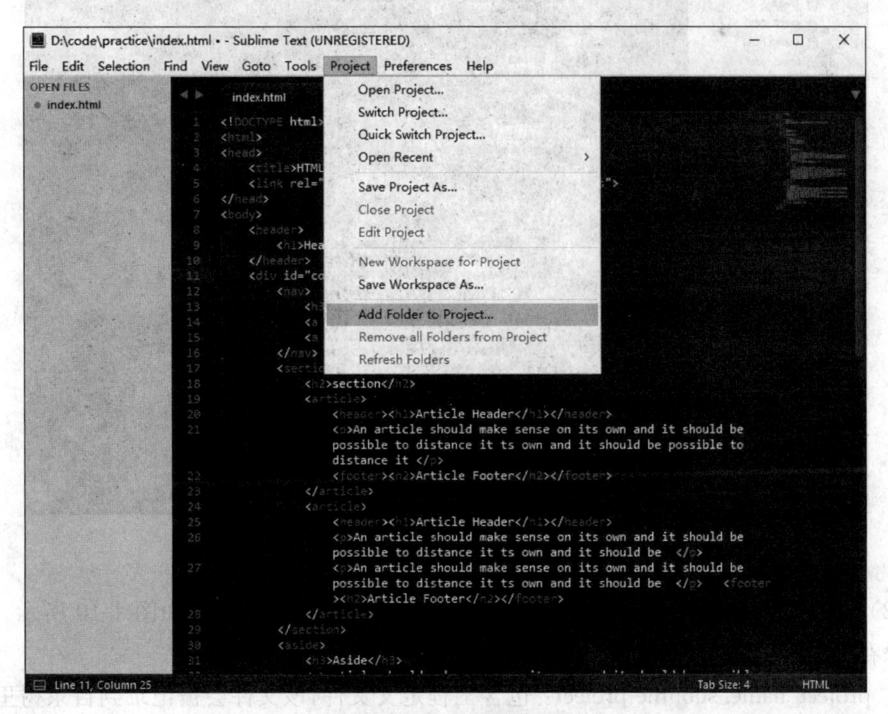

图 1-7　添加工程文件

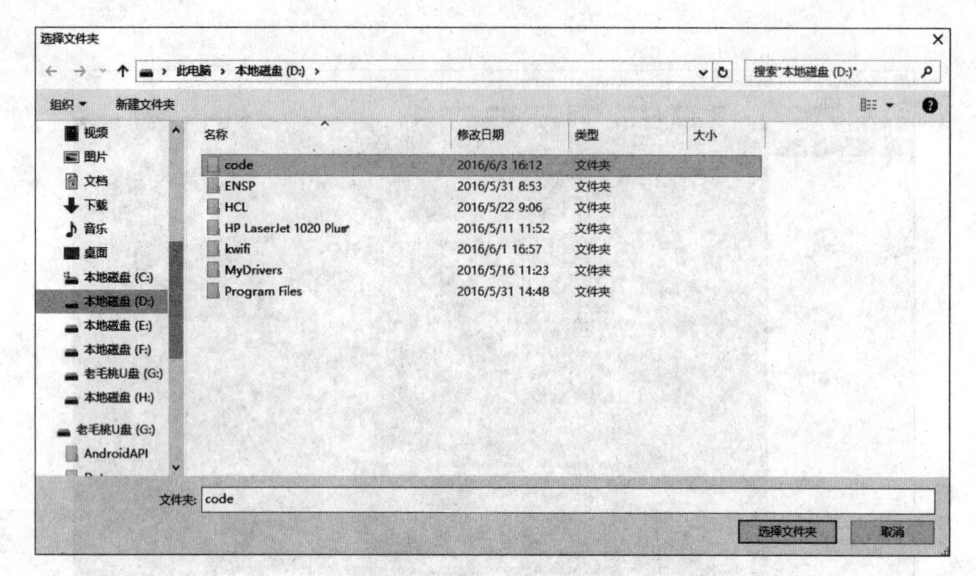

图 1-8　选择工程文件路径

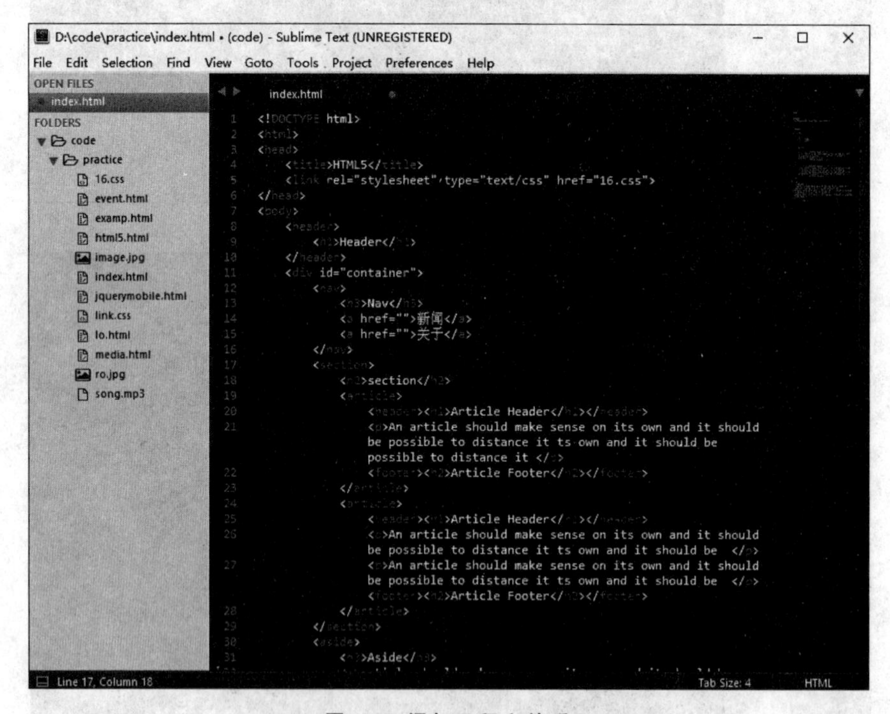

图 1-9　添加工程文件后

(2) 保存工程。选择 Project 菜单，单击 Save Project As 命令，如图 1-10 所示。保存后，Sublime Text 将自动生成两个文件：

- project_name. sublime-project：包含工程定义文件，该文件会被记录到目录树里。
- project_name. sublime-workspace：包含用户的工程数据，例如打开的文件和修改等，该文件不会被记录到目录树里，如图 1-11 所示。

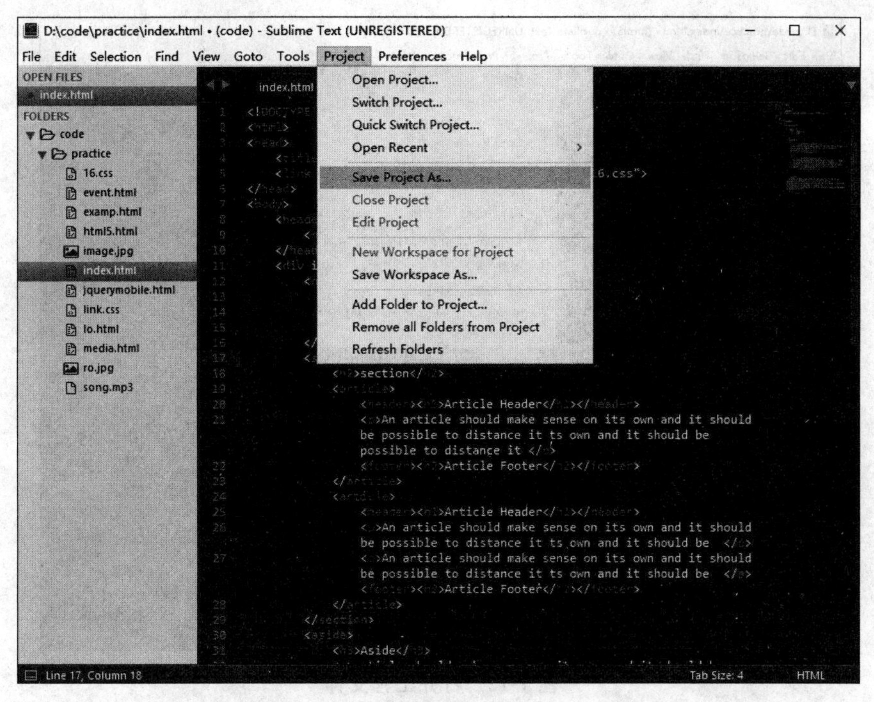

图 1-10　保存工程文件

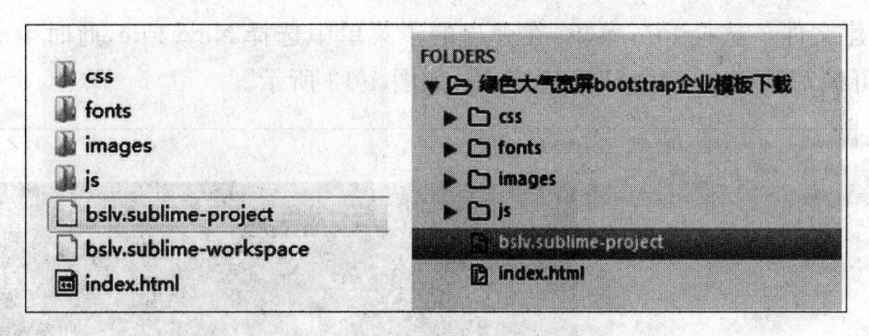

图 1-11　Sublime Text 文件目录

(3) 切换工程。同时有几个工程要开发,单击 Project 菜单中的 Open Project 命令,找到 *.sublime-project 文件,打开即可,如图 1-12 所示。如果直接使用 Sublime Text 编辑 *.sublime-project 文件,会自动载入工程。

(4) 版本控制。Sublime Text 可以很简单地安装 TortoiseSVN 插件和 Git 插件进行工程项目的版本控制。这里不再介绍,具体可以到 Package Control 官网去查看相应的安装和使用方法,网址如下:

```
https://packagecontrol.io/packages/TortoiseSVN
https://packagecontrol.io/packages/TortoiseGIT
```

注意: 安装版本控制插件前,必须先安装相应的软件和配置好环境才能正常使用。

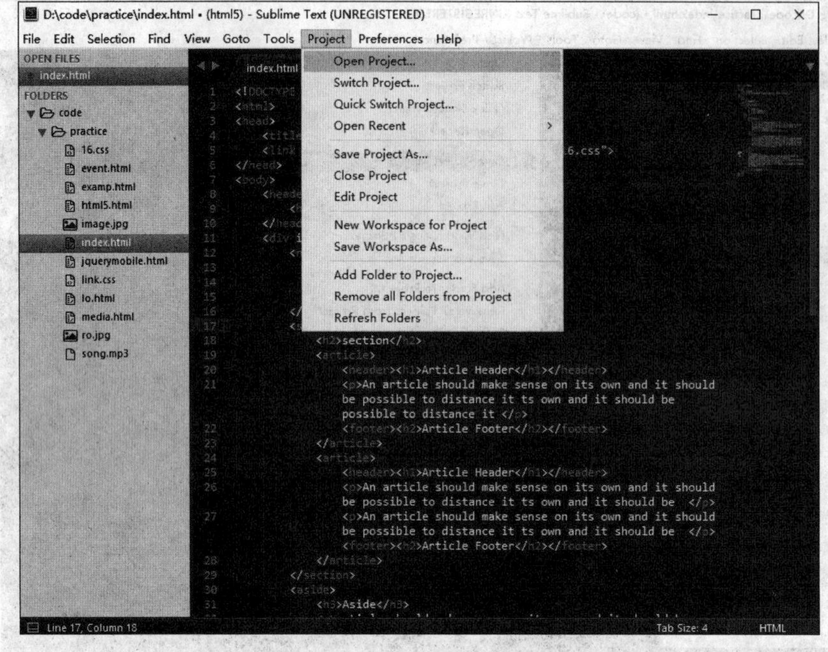

图 1-12 打开工程文件

2. 编写 HTML 代码

(1) 新建文件。选择 File 菜单,在弹出的子菜单中选择 New File,此时生成一个空白的文件,即可编写属于自己的 HTML 代码,如图 1-13 所示。

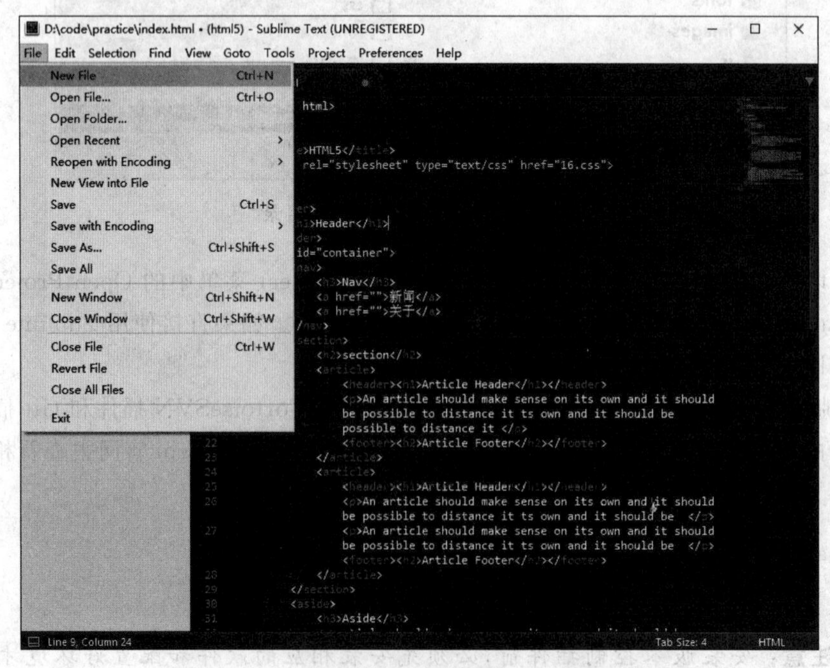

图 1-13 新建文件

（2）保存工程。选择 File 菜单，单击 Save 选项，在弹出的窗口中输入文件名，选择保存类型为 HTML，单击“保存”按钮，如图 1-14 所示。

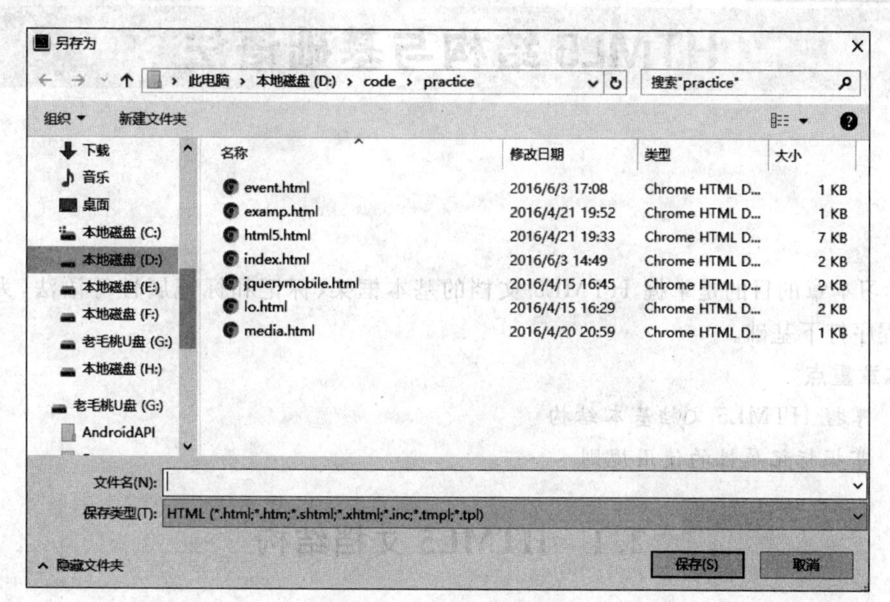

图 1-14 保存工程文件

1.7 本章小结

HTML、CSS 和 JavaScript 在网页设计中扮演重要角色，应该重点掌握。HTML 是基础架构，CSS 用来美化页面，而 JavaScript 用来实现网页的动态性、交互性。Sublime Text 作为当前流行的网站开发工具，本章介绍了其下载、安装和配置过程。

第2章 HTML5结构与基础语法

学习本章的目的是掌握HTML5文档的基本框架、标记和标记属性等语法，为编写Web程序打下基础。

本章重点

- 掌握HTML5文档基本结构
- 掌握标记属性的使用规则

2.1 HTML5文档结构

HTML5是一种用来描述网页的语言，一个完整的HTML文档是由头部和主体两个部分内容组成的。头部内容主要是用来定义标题和样式等。主体内容包含了要显示的信息。下面的例2-1给出了HTML5的基本结构。

```
<!--例2-1-->
<!DOCTYPE html>
<html>
    <head>
        <title>网页标题</title>
        <meta charset="utf-8" />
    </head>
    <body>
        网页主体内容
    </body>
</html>
```

从上述代码中可以看到，一个HTML5文档包含如下基本要素：

(1) DOCTYPE声明了文档类型。

(2) <html></html>作为网页的开始和结束语句，其他HTML标记都放在<html></html>之间。

(3) <head>标记用于定义文档的头部，它是所有头部标记的容器。

(4) <title></title>规定了关于文档的标题内容。

(5) <body>定义文档的主体，包含文档的所有内容。

注意：HTML5标记不区分大小写。

2.1.1 文档类型定义

文档类型定义<!DOCTYPE>声明必须是HTML5文档的第一行，位于<html>标签之前，它不是HTML标签。在HTML5中，文档的类型定义被大大简化，在HTML5中只需要使用<! DOCTYPE html>语句来规范浏览器的行为，HTML5中使用<!DOCTYPE html>语句的实例如下：

```
<!DOCTYPE html>
```

注意：<!DOCTYPE>声明没有结束标签。

2.1.2 头部内容

<head>标记是所有头部标记的容器。它是开始标签<html>后出现的第一个标签，以<head>开始，</head>结束，开始和结束之间可以包含标题信息、元信息、定义CSS样式和JavaScript脚本代码等。

<head>标记中的内容，一般不会显示在网页上。以下是<head>中所包含的标记。

1. 标题<title>标记

<title>只能包含关于网页标题的文本，而不能包含其他任何标记。title元素作用如下：

- 定义浏览器工具栏中的标题。
- 提供页面被添加到收藏夹时显示的标题。
- 显示在搜索引擎结果中的页面标题。

<title>标记的结构如下：

```
<title>网页的标题</title>
```

2. 元信息<meta>标记

<meta>标记可提供相关页面的元信息（meta-information），比如针对搜索引擎和更新频度的描述和关键词。meta是HTML语言head区的一个辅助性标签，主要有以下4种使用方法。

（1）字符集charset属性。在HTML5中，还可以使用对<meta>标签直接追加charset属性的方式来指定字符编码，如下所示：

```
<meta charset="UTF-8"/>
```

以上语句表示网页使用UTF-8进行编码，并使用相同编码方式保存HTML文件。

提示：HTML5中推荐使用UTF-8进行编码。

（2）关键字描述。可以通过如下语句向搜索引擎说明网页的关键字：

```
<meta   name="keywords"   content="关键词1,关键词2"/>
```

不同关键字使用逗号进行隔开。如对一个计算机教育相关网站，可在网页中给出：

```
<meta   name="keywords"   content="教育,计算机"/>
```

提示：<meta>设置关键字曾经是搜索引擎排名的重要隐私，但是现在已经被大多搜索引擎忽略，因此设置<meta>关键字对网页排名影响较小。

(3) 页面描述。<meta>的 description 元标签是对一个网页概况的描述，这些信息可能会出现在搜索结果中，因此需要根据网页的实际情况来设计，尽量避免与网页内容不相关的描述。页面描述格式如下：

```
<meta   name="description"   content="网页的简介"/>
```

(4) 页面跳转。<meta>标记可以设置网页自动刷新，格式如下：

```
<meta http-equiv="Refresh" content="间隔的秒数;url=要跳转的网站">
```

其中 url 是可省略的属性，当 url 属性省略时，网页只进行刷新，不跳转。如下面例子：

```
<meta http-equiv="Refresh" content="10;url=http://www.baidu.com">
```

此时，网页 10 秒将跳转至百度页面。而下面语句：

```
<meta http-equiv="Refresh" content="10">
```

完成每 10 秒刷新页面。

3. <base>标签

<base>为页面上的所有链接规定默认地址或默认目标。

例如：

```
<basehref="http://www.baidu.com"></base>
<base target="_blank" />
```

上述语句设置了网页中超链接的默认地址为百度，并设置超链接的默认打开方式为在新网页中打开。

4. <link>标签

<link>用于链接外部文件，例如样式表等。

```
<head>
    <link rel="stylesheet" type="text/css"href="index.css" />
</head>
```

2.1.3 主体内容

网页显示的主体内容是<body>元素包含的内容。<body>元素出现在<head>元素之后，用于标记网页的主体，body 元素包含文档的所有内容(比如文本、超链接、图像、表格和列表)等等。

body 标签中可用的属性如下。

```
<body
    bgcolor="背景颜色"
```

```
    background="背景图片"
    text="文本颜色"
    link="连接文件颜色"
    vling="访问过的文本颜色"
    alink="激活的链接文本"
    leftmargin="左边距"
    rightmargin="右边距"
    topmargin="上边距"
    bottommargin="下边距"
>
页面的主体部分
</body>
```

2.2 HTML5 基本语法

2.2.1 标记语法

1. 标记

标记是由一个起始标记(Opening Tag)和一个结束标记(Ending Tag)所组成的,其语法为:

```
<x>受控文字</x>
```

其中,x代表标记名称。<x>和</x>就如同一组开关:起始标记<x>为开启(ON)的某种功能,而结束标记</x>(通常为起始标记加上一个斜线/)为关(OFF)功能,受控制的文字信息便放置在两标记之间。

例如:

```
<p>这是一个段落</p>
```

标记之中还可以附加一些属性(Attribute),用来完成某些特殊效果或功能。

例如:

```
<x a1="v1",a2="v2",...,an="vn">受控文字</x>
```

其中,a1,a2,...,an为属性名称,而v1,v2,...,vn则是其所对应的属性值,属性值加不加引号,目前所使用的浏览器都可接受,但依据W3C的新标准,属性值是要加引号的,所以最好养成加引号的习惯。

提示:标记可以包含标记,即标记可以成对嵌套,但是不能交叉地嵌套。下面的代码就是错误的:

```
<B><I>这是错误的交叉嵌套代码</B></I>
```

注意:HTML5中,标记不区分大小写。

2. 空标记

虽然大部分的标记都是有开始和结束的，但也有一些是单独存在的。这些单独存在的标记称为空标记(Empty Tags)。其语法为：

```
<x>
```

同样，空标记也可以附加一些属性(Attribute)，用来完成某些特殊效果或功能。

例如：

```
<x a1="v1",a2="v2",...,an="vn">
```

W3C定义的新标准(XHTML1.0/HTML4.0)建议：空标记应以/结尾，即<X/>，如果附加属性则为<x a1="v1",a2="v2",...,an="vn" />。

目前所使用的浏览器对于空标记后面是否要加/并没有严格要求，即在空标记最后没有加/，不影响其功能。但是如果希望你的文件能满足最新标准，那么最好加上/。

2.2.2 属性语法

HTML属性一般都出现在HTML标签中，HTML属性是HTML标签的一部分，标签可以有属性，它包含了额外的信息。属性的值一般要在双引号中。

标签可以拥有多个属性。属性由属性名和值成对出现。

注意：HTML5中，属性值不放在双引号中也是正确的。例如，以下两行代码效果完全相同：

```
<h1 align="center">标题 1</h1>
<h1 align=center>标题 1</h1>
```

一个标签可以有多个属性，属性之间由空格隔开，格式如下：

```
<标签名属性名 1="属性值" 属性名 2="属性值" ... 属性名 N="属性值"></标签名>
```

例如：

```
<p align=center  style="font-size:18px;color:red; ">大家好!</p>
//设置段落居中对齐，字体大小为 18 像素，字体颜色为红色
```

在HTML5中，部分标签属性的属性值可省略，如以下代码：

```
<input checked type="checkbox"/>
<input readonly type="text"/>
```

其中，checked="checked"省略为checked，readonly="readonly"省略为readonly。在HTML5中，可以省略的属性值得属性如表2-1所示。

表2-1 HTML5可省略属性值的属性

属　性	省略属性值
checked	等价于 checked="checked"

续表

属　　性	省略属性值
readonly	等价于 readonly="readonly"
defer	等价于 defer="defer"
ismap	等价于 ismap="ismap"
nohrefselected	等价于 nohref="nohref"等价于 selected="selected"
disabled	等价于 disabled="disabled"
multiple	等价于 multiple="multiple"
noresize	等价于 noresize="noresize"

2.3　注　　释

我们经常要在一些代码中做一些 HTML 注释，这样做的好处很多，比如，方便项目组里的其他程序员了解你的代码，而且可以方便以后你对自己代码的理解与修改等。

可以在 HTML 文档中加入自己的注释。注释不会显示在页面中，它可以用来提醒网页设计人员回忆相关的程序信息。注释行的写法如下：

```
<!--这段代码主要用于-->
```

注意：在感叹号后要接两个连字符，大于号前也要有两个连字符。有些浏览器会对此进行严格检查。例如：

```
<body>
    <div class="divcss"></div>
    <!--css 选择器为 divcss 样式-->
</body>
```

2.4　编写与命名规范

2.4.1　编写规范

(1) 推荐使用 HTML5 的文档声明：

```
<!DOCTYPE HTML>
```

(2) 必须声明文档的编码 charset，且与文件本身编码保持一致，推荐使用 UTF-8 编码：

```
<meta charset="utf-8">
```

(3) 书写注释，方便程序开发。注释方式：

```
<!--注释 -->
```

(4) 标签一定要正确嵌套,标签一定要闭合。

2.4.2 命名规范

对 HTML 文件的命名要注意以下几点:

(1) 文件的扩展名为.htm 或.html,建议统一使用.html 作为文件名的后缀。

(2) 文件名中只可由英文字母、数字或下画线组成。

(3) 文件名中不要包含特殊符号,比如空格、$ 等。

(4) 文件名区分大小写。

下面给出常用命名:

index.html	首页	events.html	大事记
sitemap.html	网站地图	business.html	商务合作
passport.html	通行证	contract.html	服务条款
rank.html	排行榜	privacy.html	隐私声明
roll.html	滚动新闻	CSR.html	企业社会责任
solution.html	解决方案	news-开头.html	新闻相关
joinus.html	加入我们	article-开头.html	资讯相关
partner.html	合作伙伴	picture-开头.html	图片相关
service.html	服务	photo-开头.html	相册相关
aboutus.html	关于我们	product-开头.html	产品相关
contact.html	联系我们	goods-开头.html	商品相关
company.html	公司介绍	system-开头.html	系统相关
organization.html	组织结构	tag-开头.html	tag 相关
culture.html	企业文化	brand-开头.html	品牌相关
strategy.html	发展策略	member-开头.html	会员相关
honor.html	公司荣誉	search-开头.html	搜索相关
aptitudes.html	企业资质		

2.5 上机练习

本节制作一个简单的 HTML5 页面。例 2-2 具体步骤如下:

步骤 1:打开笔记本,输入以下代码:

```
<!--例 2-2 -->
<!DOCTYPE html>
<html>
    <head>
        <title>第一个网页</title>
        <meta charset="utf-8" />
```

```
</head>
    <body>
        <h2 align="center">唐诗欣赏</h2>
        <hr color="#00ffee">
        <p align="center">静夜思</p>
        <p align="center">李白</p>
        <p align="center"><b>床前明月光,<br>
            疑是地上霜。<br>
            举头望明月,<br>
            低头思故乡。</b></p>
        <img src="libai.jpg"/>
    </body>
</html>
```

步骤 2：将文件保存为 1.html。

步骤 3：在浏览器中预览网页效果如图 2-1 所示。

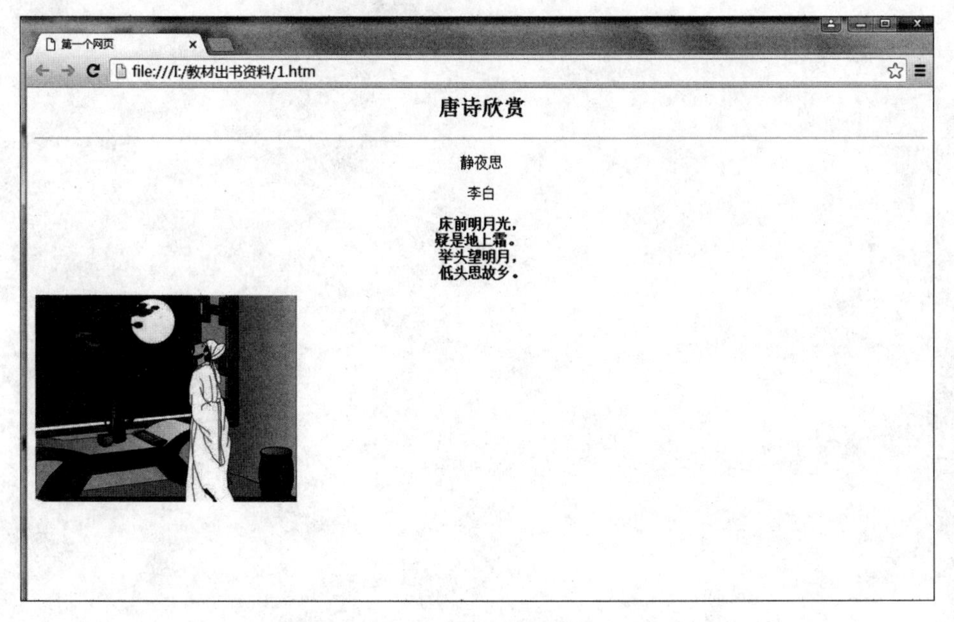

图 2-1　例 2-2 演示效果

2.6　本章小结

本章主要讲解了 HTML 的基本结构和基本语法。重点内容如下：

(1) HTML 文件基本结构包含三大部分，其中：

- <html>、</html>分别表示一个 HTML 文件的开始和结束；
- <head>、</head>分别表示文件头部的开始和结束；
- <body>、</body>分别表示文件主体的开始和结束。

(2) <body></body>是 HTML 文档的核心部分，在浏览器中看到的任何信息都定义在这个标记之内。

(3) 用 DOCTYPE 声明 HTML 文档，建议使用<!DOCTYPE html>。

(4) 主题内容都在 body 元素中，为浏览器和搜索引擎准备的指令则位于 head 元素中。

第3章 文字与段落

文字和段落是网页中最重要、最常用的元素。学习本章的目的是掌握 HTML5 文档文字与段落的处理，包括文字内容、文字修饰、段落常用标记。

本章重点

- 掌握 HTML5 文档中文字内容的处理和修饰
- 掌握段落格式的设置

3.1 文字内容

网页的内容主要是通过文字来体现的，HTML5 中提供了许多与文字相关的标记。

3.1.1 标题字

标题文字标记用来标示页面中的标题文字，被标示的文字将以粗体形式显示。HTML5 中对标题文字的大小定义了六级<hn>…</hn>。<h1> 定义最大的标题。<h6> 定义最小的标题。它们需要与尾标记一起使用。

语法：

```
<hn align="left|center|right">标题文字</hn>
```

其中 align 属性用来控制标题文字的对齐方式：left 为左对齐（默认方式）；center 为居中；right 为右对齐。

<hn>…</hn>的应用如例 3-1 所示。

```
<!--例 3-1-->
<! DOCTYPE html>
<html>
    <body>
        <h1>This is header 1</h1>
        <h2>This is header 2</h2>
        <h3>This is header 3</h3>
        <h4>This is header 4</h4>
        <h5>This is header 5</h5>
        <h6>This is header 6</h6>
    </body>
</html>
```

代码运行结果如图 3-1 所示。

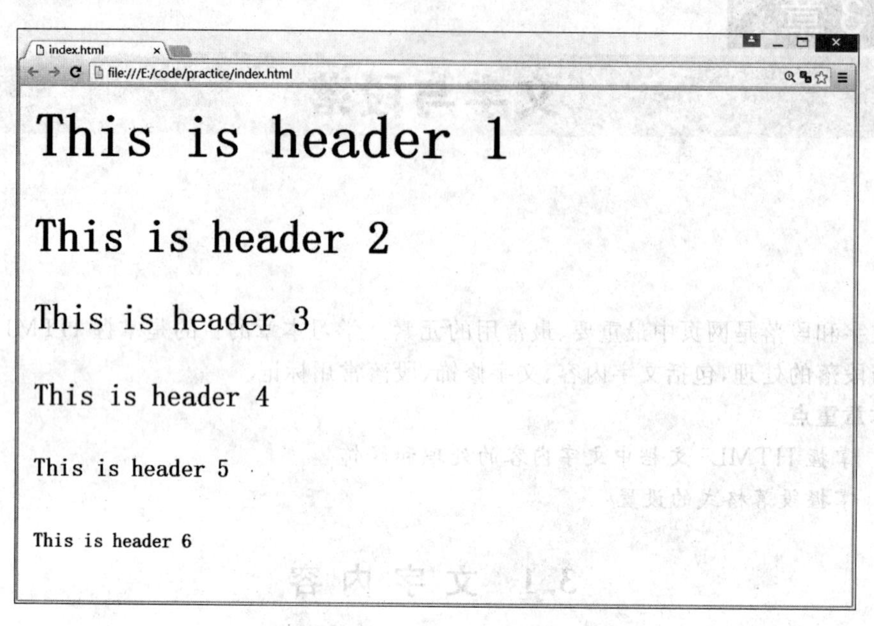

图 3-1　标题字实例演示

3.1.2　添加空格

HTML 中的常用字符实体是不间断空格( )。

浏览器总是会截短 HTML 页面中的空格。如果在文本中写 10 个空格,在显示该页面之前,浏览器会删除它们中的 9 个。如需在页面中增加空格的数量,需要使用   字符实体。

添加空格的应用如例 3-2 所示。

```
<!--例 3-2 -->
<html>
    <head>
        <meta http-equiv="Content-Type" content="text/html; charset=UTF-8" />
        <title>HTML 使用空格符号( )</title>
    </head>
    <body>
    <p>使用空格缩进两个汉字的位置:</p>
    <p>    两个空格符号表示一个汉字的位置。两个空格符号表示
        一个汉字的位置。两个空格符号表示一个汉字的位置。两个空格符号表示一个汉字的
        位置。</p>
    <p>使用空格缩进四个汉字的位置:</p>
    <p>        两个空格符号表示一个汉
        字的位置。两个空格符号表示一个汉字的位置。两个空格符号表示一个汉字的位置。
        两个空格符号表示一个汉字的位置。</p>
    </body>
```

```
</html>
```

代码运行结果如图 3-2 所示。

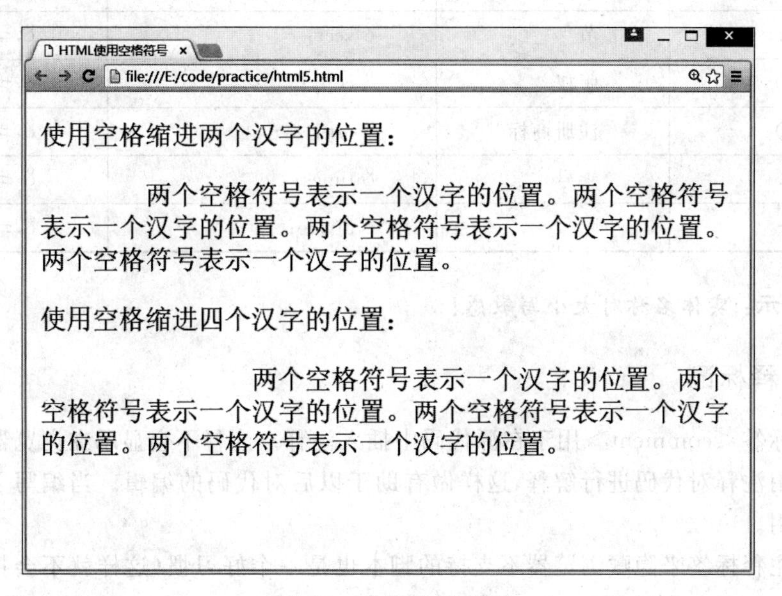

图 3-2　空格实例演示

3.1.3　添加特殊符号

在 HTML 中，某些字符是预留的。

在 HTML 中不能使用小于号(<)和大于号(>)，这是因为浏览器会误认为它们是标签。

如果希望正确地显示预留字符，必须在 HTML 源代码中使用字符实体。字符实体类似这样：&entity_name 或者 &#entity_number。如需显示小于号，必须写为 <或 <。HTML 中有许多有用的字符实体，如表 3-1 所示。

表 3-1　HTML 中常用的字符实体

显示结果	描　述	实体名称	实体编号
<	小于号	<	<
>	大于号	>	>
&	和号	&	&
"	引号	"	"
'	撇号	'(IE 不支持)	'
¢	分	¢	¢
£	镑	£	£
¥	日圆	¥	¥

续表

显示结果	描　述	实体名称	实体编号
§	节	§	§
©	版权	©	©
®	注册商标	®	®
×	乘号	×	×
÷	除号	÷	÷

提示：实体名称对大小写敏感！

3.1.4　注释标记

注释标签<comment>用于在源代码中插入注释。注释不会显示在浏览器中。

可使用注释对代码进行解释，这样做有助于以后对代码的编辑。当编写了大量代码时尤其有用。

使用注释标签来隐藏浏览器不支持的脚本也是一个好习惯（这样就不会把脚本显示为纯文本），如下面代码所示。

```
<comment>This text is a comment<comment>
<p>This is a regular paragraph</p>
```

3.2　文字修饰

3.2.1　粗体、斜体、下画线

1. 粗体<b>

<b> 标签规定粗体文本。

2. 斜体<i>

<i>标签显示斜体文本效果。

<i>标签和基于内容的样式标签<em>类似。它告诉浏览器将包含其中的文本以斜体字(italic)或者倾斜(oblique)字体显示。如果这种斜体字对该浏览器不可用的话，可以使用高亮、反白或加下画线等样式。

3. 下画线<ins>

<ins> 标签定义文档的其余部分之外的插入文本。

综合应用如例 3-3 所示。

```
<!--例 3-3-->
<!DOCTYPE html>
<html>
    <body>
```

```
        <center><p><b>粗体</b><i>斜体<i/></p><center/>
        <center><p>一打有 <del>二十</del><ins>十二</ins>件。</p><center/>
    </body>
</html>
```

代码运行结果如图 3-3 所示。

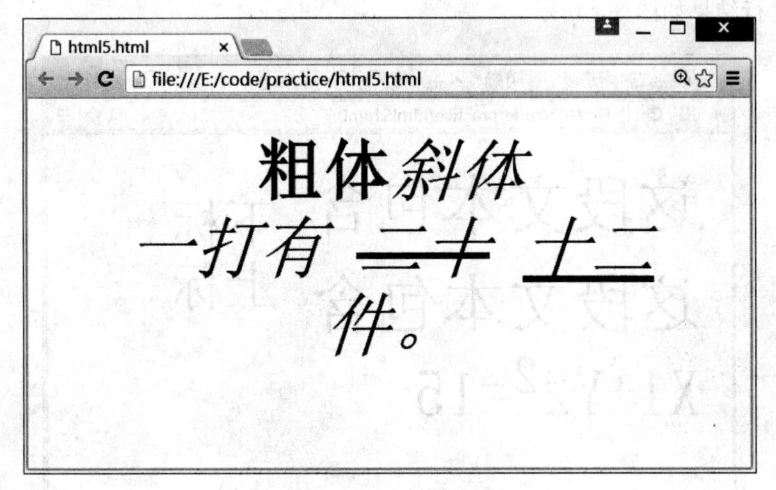

图 3-3 粗体、斜体、下画线效果演示

注意：<i>标签一定要和结束标签</i>结合起来使用。

3.2.2 删除线< del>

<del>标签定义文档中已删除的文本。

3.2.3 上标和下标

<sup> 标签可定义上标文本。

包含在^{标签和其结束标签}中的内容将会以当前文本流中字符高度的一半来显示，但与当前文本流中文字的字体和字号都是一样的。

<sub> 标签可定义下标文本。

包含在 _{标签和其结束标签} 中的内容将会以当前文本流中字符高度的一半来显示，但与当前文本流中文字的字体和字号都是一样的。

上标和下标的应用如例 3-4 所示。

```
<!--例 3-4-->
<!DOCTYPE html>
<html>
    <head>
        <title><address>标签</title>
    </head>
    <body>
```

```
        这段文本包含 <sub>下标</sub>
        这段文本包含 <sup>上标</sup>
        X1+Y2<sup>2</sup>=15
    </body>
</html>
```

代码运行结果如图 3-4 所示。

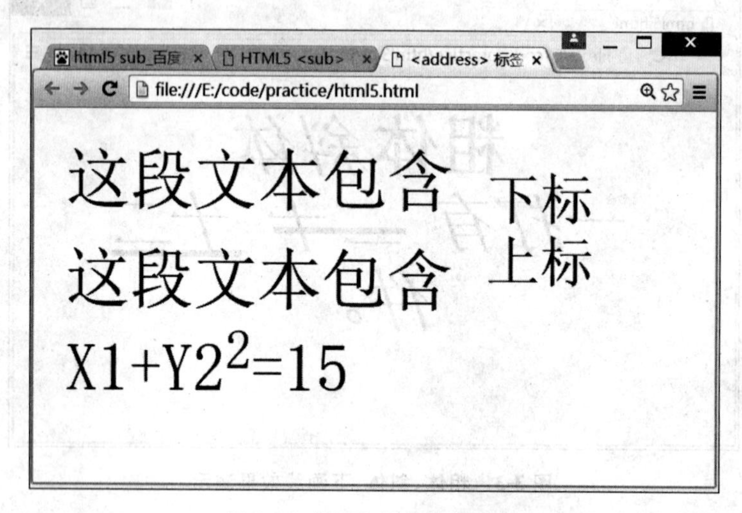

图 3-4　上标和下标效果演示

提示：无论是<sub>标签还是与它对应的<sup>标签，在数学等式、科学符号和化学公式中都非常有用。

3.2.4　设置地址文字

<address>标签定义文档或文章的作者、拥有者的联系信息。

如果<address>元素位于<body>元素内，则表示文档的联系信息。

如果<address>元素位于<article>元素内，则表示文章的联系信息。

<address>元素中的文本通常呈现为斜体。大多数浏览器会在 address 元素前后添加折行。

设置地址文字的应用如例 3-5 所示。

```
<!--例 3-5-->
<!DOCTYPE html>
<html>
    <head>
        <title><address>标签</title>
    </head>
    <body>
        <address>
            Written by HTML5<br />
```

```
            <a href="mailto:us@example.org">Email us</a><br />
            Address: Box 564, Disneyland<br />
            Phone: +12 34 56 78
        </address>
    </body>
</html>
```

代码运行结果如图 3-5 所示。

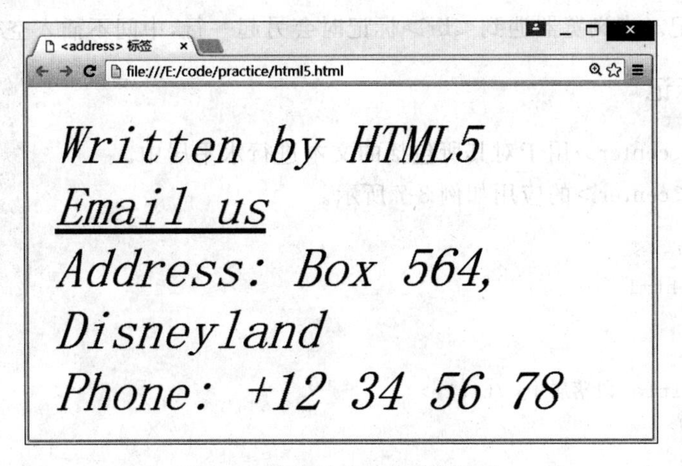

图 3-5 设置地址文字效果演示

提示：<address>标签不应该用于描述通信地址，除非它是联系信息的一部分。

3.3 段 落

3.3.1 段落标记

<P>…</P>定义了一个段，是一种块级标记，其结尾标签可以省略。不过在使用浏览器的样式表单时为了避免出现差错，还是建议使用结尾标签。

提示：块级标记是相对于行内标记来讲的，可以换行，而行内标记中的内容默认排列方式是同行排列，直到宽度超出包含其容器宽度时才自动换行。

段落标记<P>的应用如例 3-6 所示。

```
<!--例 3-6-->
<!DOCTYPE html>
<html>
    <head>
        <title>网页标题</title>
            <meta charset=utf-8" />
    </head>
    <body>
        这是我的第一个段落
```

```
        <P>我是段落内容</P>
        <P>第二个段落</P>
    </body>
</html>
```

3.3.2 换行标记

使用<P>标记分段时，在段落之间有一空行。如果不希望出现空行，可以使用
换行标记。当浏览器遇到
标记时会另起一行，中间不插入空行。

3.3.3 居中标记

居中标记<center>用于对其所包括的文本进行水平居中。

居中标记<center>的应用如例3-7所示。

```
<!--例3-7-->
<!DOCTYPE html>
<html>
    <head>
        <title>段落居中</title>
    </head>
    <body>
        <center>这段文字是居中的</center>
    </body>
</html>
```

代码运行结果如图3-6所示。

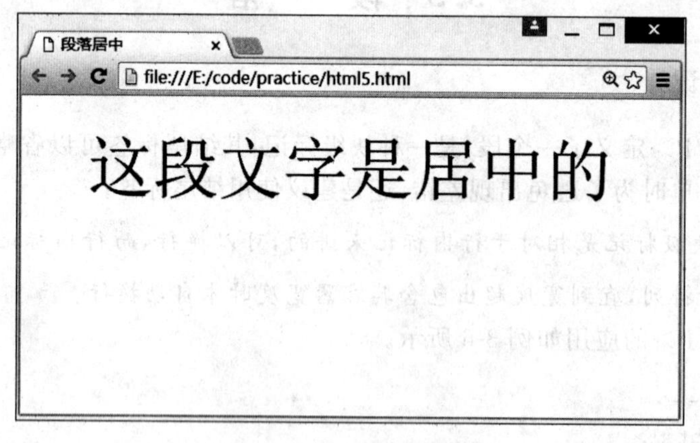

图3-6 居中标记效果演示

3.3.4 水平分隔线

水平线标记<hr>语法为：

```
<hr 属性=属性值>
```

浏览器遇到水平线标记，会在页面上画出一条水平线。水平线可以把页面分成几部分，使页面内容更加清晰醒目。<hr>标记的属性用来控制水平线的样式，常用的属性如表 3-2 所示。

表 3-2 <hr>标记的属性

属 性	功 能	示 例
size	水平线的粗细，以像素为单位，默认值是 1	<hr size=6>
width	水平线的宽度，可以以像素为单位，也可以用对屏幕的百分比表示，默认值为 100%	<hr width=10> <hr width=100%>
align	水平线对齐方式，可取值为：left、center 或 right，默认值是 center	<hr align=right>
color	水平线的颜色	<hr color="red"> <hrcolor=#FFFFFF>

3.3.5 预格式化标记

<pre> 元素可定义预格式化的文本，使 HTML 文档中的空格、制表符、回车换行符起作用。<pre>元素中的文本通常会保留空格和换行符，而文本也会呈现为等宽字体。常应用于表示计算机的源代码。

<pre>元素中允许的文本可以包括物理样式和基于内容的样式变化，还有链接、图像和水平分隔线。当把其他标签(比如 <a> 标签)放到 <pre> 块中时，就像放在 HTML/XHTML 文档的其他部分中一样即可。

预格式化标记<pre>的应用如例 3-8 所示。

```
<!--例 3-8-->
<!DOCTYPE html>
    <body>
        <pre>
            这是
            预格式文本。
            它保留了        空格
            和换行。
        </pre>
        <p>用 pre 实现的漂亮文字图案:</p>
        <pre>
```

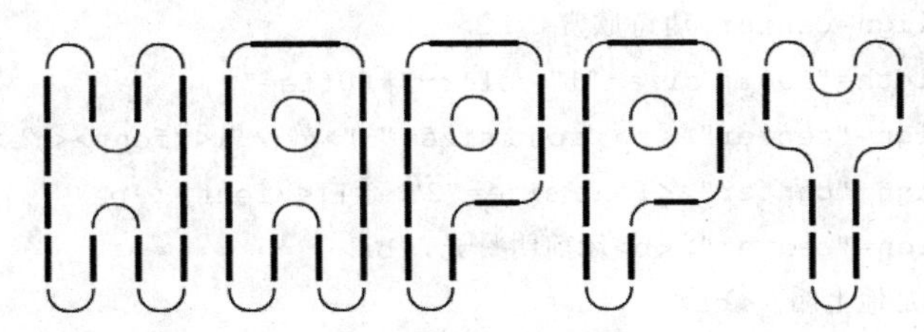

```
        </pre>
    </body>
</html>
```

代码运行结果如图 3-7 所示。

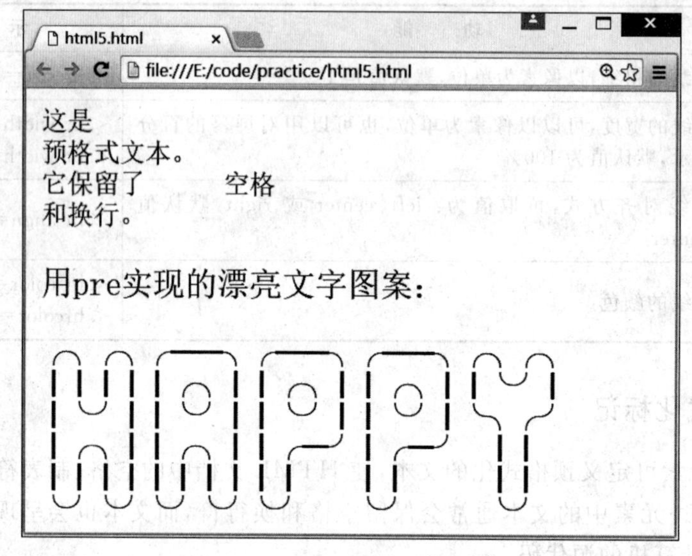

图 3-7 预格式化标记效果演示

3.4 上机练习

本节给出一个唐诗欣赏的页面，在这个实例中，综合运用本章所介绍的标记对普通文字和段落进行格式化。

步骤 1：打开 Sublime Text，新建一个 HTML 文件，输入以下代码：

```
<!--例 3-9-->
<!DOCTYPE html>
<html>
    <head>
        <title>文字段落网页</title>
    </head>
    <body>
        <h2 align=center>唐诗欣赏</h2>
        <hr width="100%" size="1" color="#00ffee">
        <p align="center"><b><font size="3">静夜思</font></b></p>
        <p align="center"><font size="2">李白</font></p>
        <p align="center"><b>床前明月光,<br>
            疑是地上霜。<br>
            举头望明月,<br>
```

```
            低头思故乡。</b></p>
        <p> </p>
        <hr width="100%" size="1" color="#00ffee">
        <p><font class="text"><b>【简析】</b><br></font></p>
        <p>    这是写远客思乡之情的诗,诗以明白
            如话的语言雕琢出明静醉人的秋夜的意境。它不追求想象的新颖奇特,也
            摒弃了辞藻的精工华美;<br>它以清新朴素的笔触,抒写了丰富深曲的
            内容。境是境,情是情,那么逼真,那么动人,百读不厌,耐人寻味。
            无怪乎有人赞它是“妙绝古今”。
        </p>
        <hr width="400" size="3" color="#00ee99" align="left">
            版权 &copy;:版权所有,违者必究
        <address>E-mail:limingwei@gmail.com</address>
    </body>
</html>
```

步骤 2:在浏览器中预览,效果如图 3-8 所示。

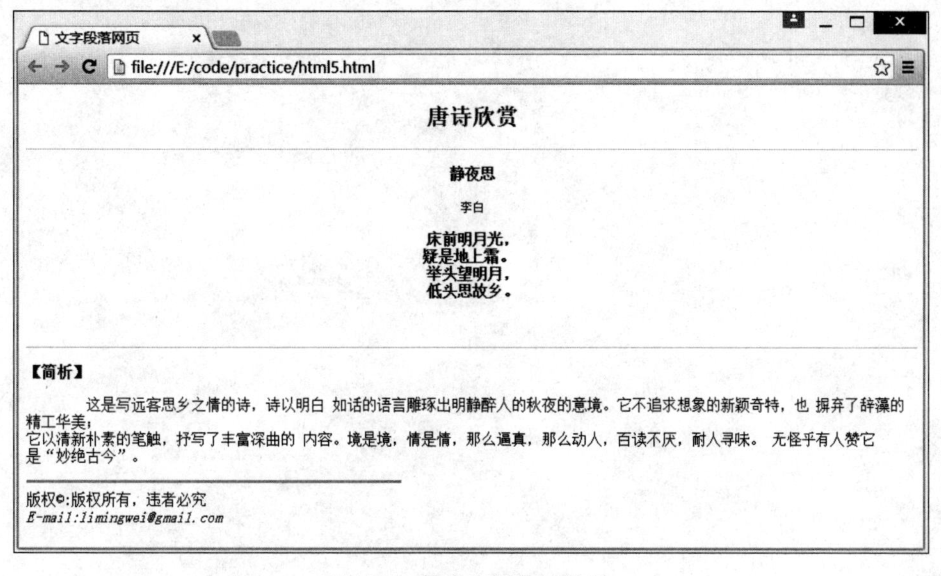

图 3-8 综合实例演示效果

3.5 本 章 小 结

文字与段落是页面排版的重点,也是网页的基础部分,可以通过 HTML 标记实现对文字和段落的格式化。

本章主要讲解了 HTML 文字与段落的格式设置,主要内容包括文字内容标记、文字修饰标记、段落修饰标记的使用。

(1) 在浏览器显示的文字内容编写在<body>和</body>标记之间,内容包括普通

的文字、空格符号和特殊符号以及页面的注释语句，标题字标记<h>在 HTML 中，定义了六级标题。

（2）文字修饰标记可实现网页文字的斜体、加粗、上标、下标、大小字号、下画线、删除线、等宽、地址等设置。

（3）段落格式设置可实现段落对齐方式、换行、预格式化、水平线设置、换行等设置。

第4章 超 链 接

HTML 文件中最重要的应用之一就是超链接。超链接就是当鼠标单击一些文字、图片或其他网页元素时，浏览器会根据其指示载入一个新的页面或跳转到页面的其他位置。超链接除了可链接文本外，还可链接各种媒体文件，如声音、图像、动画，通过这些进入丰富多彩的多媒体世界。

本章重点

- 理解相对路径和绝对路径
- 掌握文字链接
- 掌握图片链接
- 理解锚点的使用
- 了解邮箱地址链接

4.1 超链接简介

超链接是指从一个网页指向另一个目标的连接关系，这个目标可以是另一个网页，也可以是相同网页上的不同位置，还可以是一张图片、一封电子邮件、一个文件，甚至是一个应用程序。超链接在本质上属于网页的一部分，它为 Web 站点提供了最重要的交互措施，使网络不限于特定的地理位置，只要鼠标一点，就可以到达全球任意一个站点。

4.2 创建超链接

在 HTML5 中建立超链接所使用的标记为<a></a>。超链接有两个最重要的属性，设置为超链接的网页元素和超链接指向的目标地址。超链接的基本结构如下：

```
<a href=URL>网页元素</a>
```

4.2.1 相对路径和绝对路径

一个站点中通常有以下两种类型的文件路径。

1. 绝对路径

绝对路径就是你的主页上的文件或目录在硬盘上真正的路径，例如，你的程序是存放在 C:/HTML5/index.html 下的，那么 C:/HTML5/index.html 就是 index.html 的绝对路径。在网络中,以 http 开头的链接都是绝对路径,例如,http://www.march.com/support/contents.html 就是一个绝对路径。当然不是任何时候都需要使用绝对路径,对于本地链接来讲,使用绝对路径就不是最好的方式,因为一旦将此站点移动到其他域,则所有本地绝对路径都将断开。其次,当插入图像时,如果使用图像的绝对路径,而图像又驻留在远程服务器而不在本地硬盘驱动器,则将无法在文档窗口中查看该图像。此时,就必须在浏览器中预览该文档才能看到它。绝对路径一般在程序的路径配置中经常用到,而在实际制作网页中很少使用。

2. 相对路径

相对路径又称文档相对路径,是指省略掉当前文档和所链接的文档都相同的绝对 URL 部分,而只提供不同的路径部分。如 support/contents.html 就是一个相对路径。

相对路径对于大多数 Web 站点的本地链接来说,是最适用的路径。在当前文档与所链接的文档处于同一文件内,且可能继续保持这种状态的情况下,文档相对路径就显得特别有用。文档相对路径还可用来链接到其他文件夹中的文档,方法是利用文件夹的层次结构,指定从当前文档到所链接的文档的路径。

绝对路径和相对路径的区别说明如下。

假设所建立的 Web 站点目录路径如图 4-1 所示。

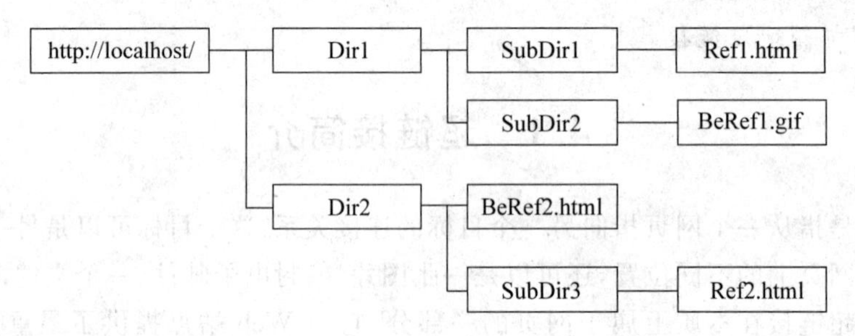

图 4-1 Web 站点目录路径

用表 4-1 来说明图 4-1 的情况下,某文件引用另一文件时,所应使用的相对路径与绝对路径的区别。

表 4-1 绝对路径与相对路径的对比

引用者	被引用者	绝对路径	相对路径
Ref1.html	BeRef1.gif	Dir1/SubDir2/BeRef1.gif	../SubDir2/BeRef1.gif
Ref2.html	BeRef1.gif	Dir1/SubDir2/BeRef1.gif	../../Dir1/SubDir2/BeRef1.gif
Ref1.html	BeRef2.html	Dir2/BeRef2.html	../../Dir2/BeRef2.html
Ref2.html	BeRef2.html	Dir2/BeRef2.html	../BeRef2.html

注意:".."代表上一层目录,而"../../"所代表的是上一层目录的上一层目录。所以,从表 4-1 中可以看出,如果引用的文件存在于目前目录的子目录中,或者存在于上

一层目录的另一个子目录中，运用相对路径是比较方便的。如果不是时，则干脆利用绝对路径，还比较省事。另外，当被引用的是同一个文件时，引用文件所使用的绝对路径是一样的。

4.2.2　内部链接

内部链接是指超链接的链接对象是在同一个网站中的资源。与自身网站页面有关的链接称为内部链接。

假设想要在网页1中点击超链接就跳转到网页2或者网页3，这就是“内部链接”，因为这3个网页都是在同一个网站内的。内部链接的链接对象是在同一个网站的。

语法形式如下。

```
<!--下一行代码表示设置内部链接-->
<a href="../imgs/123.png"></a>
```

4.2.3　外部链接

外部链接是指本站以外的链接，表达的是网站之间的链接关系，是针对搜索引擎的友情链接。高质量的外部链接指与自身网站建立链接的网站知名度高，访问量大，同时相对的外部链接较少，有助于快速提升自身的网站知名度和排名的网站。

语法形式如下：

```
<!--下一行代码表示设置外部链接-->
<a href="www.baidu.com"></a>
```

4.3　链接对象

4.3.1　文字链接

设置超链接的网页元素通常使用文本。文本超链接是通过<a></a>标记来实现的，将文本放在<a>开始标记和</a>结束标记之间，即可建立超链接，语法形式如下。

```
<!--下一行代码表示设置文字链接-->
<a href="">文字内容</a>
```

应用实例如例4-1所示。

```
<!--例4-1-->
<!DOCTYPE html>
<html lang="en">
    <head>
        <meta charset="UTF-8">
        <title>文字的超链接</title>
    </head>
```

```
    <body>
        <a href="1.html">文字链接</a><br>
    </body>
</html>
```

在浏览器中预览网页效果如图 4-2 所示。

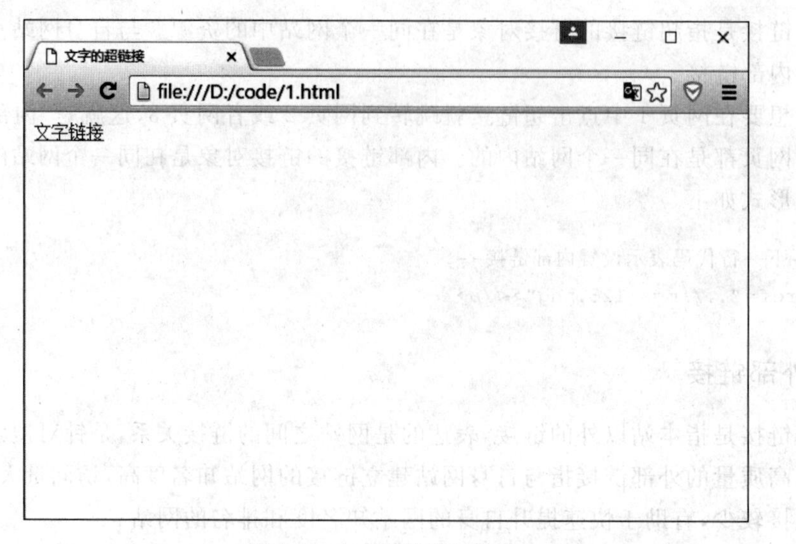

图 4-2 文字链接演示效果

4.3.2 图片链接

图片链接,顾名思义就是对图片设置的超链接。图片链接的建立和文字超链接的建立基本类似,都是通过<a></a>链接标记来实现的。只需要把原来的链接文字换成相应的图片。

语法形式如下:

```
<!--下一行代码表示设置图片链接-->
<a href=""><img src=""></a>
```

应用实例如例 4-2 所示。

```
<!--例 4-2-->
<!DOCTYPE html>
<html lang="en">
    <head>
        <meta charset="UTF-8">
        <title>图片的超链接</title>
    </head>
    <body>
        <a href="1.html"><img src="pic.jpg"></a><br>
        点击该图片放大
```

```
    </body>
</html>
```

在浏览器中预览网页效果如图4-3所示。

图 4-3 图片链接演示效果

4.3.3 书签链接

书签链接又称为锚点链接，属于内部链接的一种，它的链接对象是当前页面的某一个部分。

有些网页由于内容比较多，导致页面过长，访问者需要不停地拖动浏览器上的滚动条来查看文档中的内容，为了方便用户查看文档中的内容，可以在文档中建立书签链接。

id属性常被用于创建到当前页面(文档)内部的链接，其作用类似于书签链接(anchor)。因此，HTML5中将用于制作锚点的<a>的属性name取消了。书签链接要设置两部分：一是目标锚点的id名称；二是超链接部分。

例如，在下面的位置创建一个内部链接锚点位置的链接形式如下：

```
<a id="tips">内部链接锚点位置</a>
```

在同一个文档的其他位置创建一个到"内部链接锚点位置"的链接形式如下：

```
<a href="#tips">访问"内部链接锚点位置"</a>
```

显示出来的结果如下：

访问"内部链接锚点位置"

如果在其他文档中，还需要在 #tips 前面加上到目标文档的链接地址：

```
<a href="http://cnzhx.net/blog/html-links/#tips">访问"HTML链接"页面上的"内部链接锚点位置"</a>
```

显示结果如下所示：

访问“HTML 链接”页面上的“内部链接锚点位置”

提示：

(1) 所有支持 id 属性的 HTML 标签都可以作为锚点，直接创建到该锚点的链接就可以了。

```
<h1 id="h1anchor">标题一</h1>
```

(2) 应该在超链接中写入链接文本，如下例中的“文本”两字：

```
<a href="http://cnzhx.net/blog/html-links/#">本文</a>
```

注意：同一个页面内部不能有重复的 id 属性值。

应用实例如例 4-3 所示。

```
<!--例 4-3-->
<!DOCTYPE html>
<html lang="en">
    <head>
        <meta charset="UTF-8">
        <title>书签链接</title>
    </head>
    <body>
        <p>
            <a href="#C4">查看 第四章</a>
        </p>
        <h2>第一章</h2>
            <p>本章讲解文字相关知识</p>
        <h2>第二章</h2>
            <p>本章讲解图片相关知识</p>
        <h2>第三章</h2>
            <p>本章讲解音乐相关知识</p>
        <h2><a id="C4">第四章</a></h2>
            <p>本章讲解美术相关知识</p>
        <h2>第五章</h2>
            <p>本章讲解绘画相关知识</p>
        <h2>第六章</h2>
            <p>本章讲解钢琴相关知识</p>
        <h2>第七章</h2>
            <p>本章讲解汉字相关知识</p>
        <h2>第八章</h2>
            <p>本章讲解吉祥物相关知识</p>
        <h2>第九章</h2>
            <p>本章讲解玉器相关知识</p>
```

```
        <h2>第十章</h2>
            <p>本章讲解陶瓷相关知识</p>
    </body>
</html>
```

在浏览器中预览网页效果如图 4-4 所示。

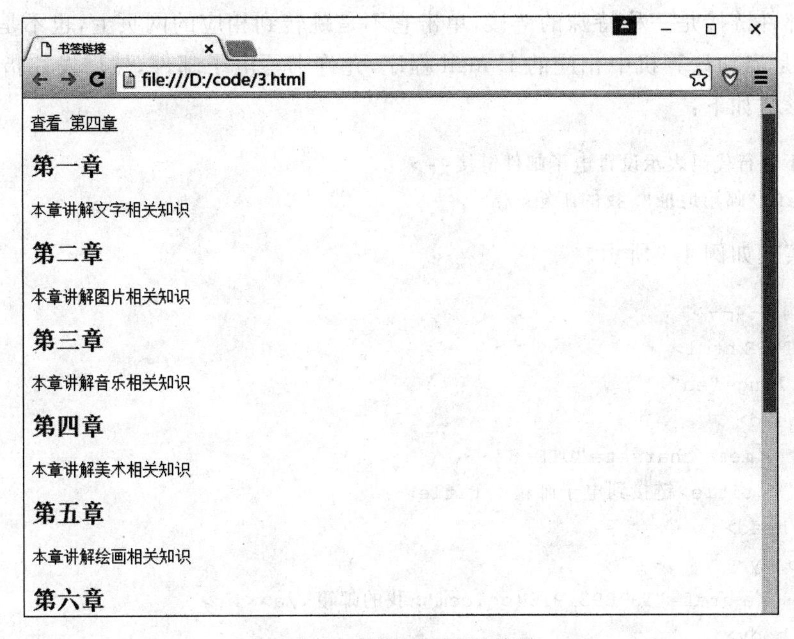

图 4-4 书签链接演示效果

单击页面中的链接,即可将“第四章”的内容跳转到页面顶部,如图 4-5 所示。

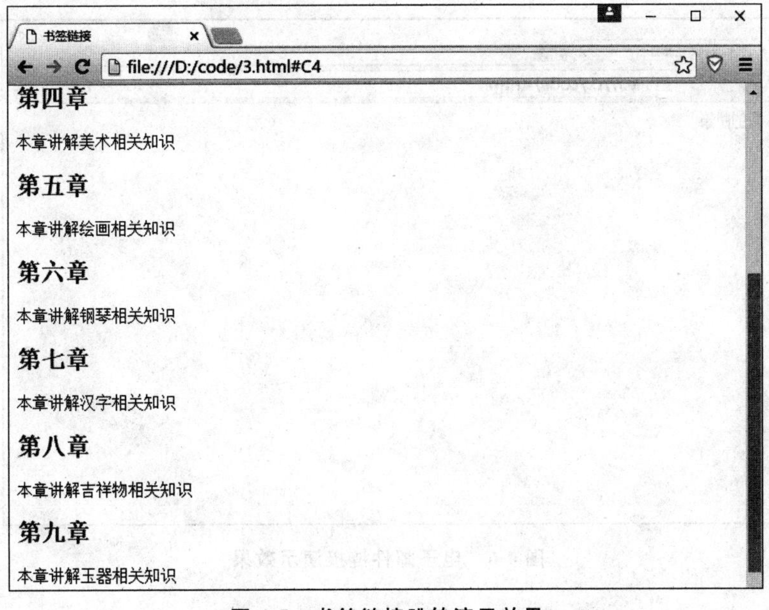

图 4-5 书签链接跳转演示效果

4.3.4 电子邮件链接

好的站点总在不断地自我完善和提高，所以从浏览器那里及时获得需要的意见和建议是非常有必要的。很多情况下，需要将网站管理员的 E-mail 地址保留在网页上，以便及时获取外界的反馈信息，这时就需要在网页中使用电子邮件链接。

电子邮件链接是一种特殊的链接，单击它不是跳转到相应的网页上，也不是下载相应的文件，而是启动计算机中相应的 E-mail 程序，允许书写电子邮件，然后发往指定地址。

语法形式如下：

```
<!--下一行代码表示设置电子邮件链接-->
<a href="邮箱地址">我的邮箱</a>
```

应用实例如例 4-4 所示。

```
<!--例 4-4-->
<!DOCTYPE html>
<html lang="en">
    <head>
        <meta charset="UTF-8">
        <title>链接到电子邮箱</title>
    </head>
    <body>
        <a href="1378931918@qq.com">我的邮箱</a><br>
    </body>
</html>
```

在浏览器中预览网页效果如图 4-6 所示。

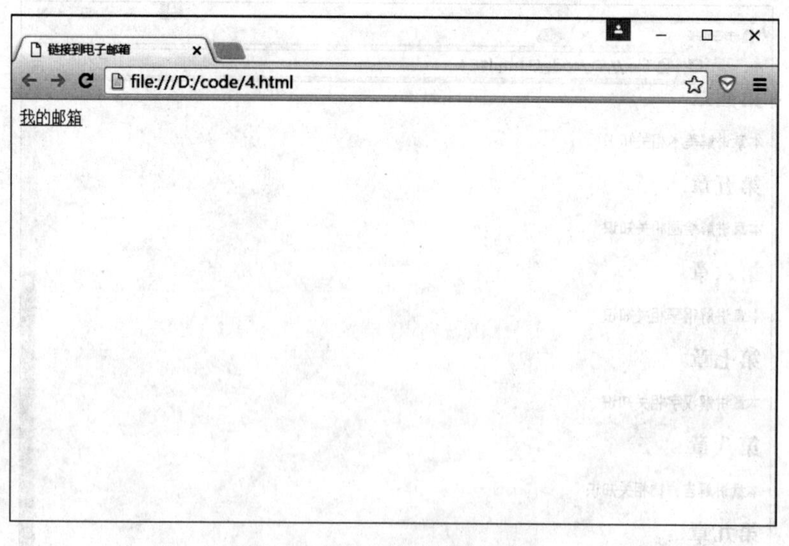

图 4-6 电子邮件链接演示效果

4.3.5 FTP 链接

在 HTML 中要链接到服务器,就可以使用 FTP 链接。FTP 链接就是对 FTP 地址设置超级链接。FTP 链接的建立和文字超链接的建立基本类似,都是通过<a></a>链接标记来实现的。只需要把原来的链接文字换成相应的 FTP 地址即可。

语法形式如下:

```
<!--下一行代码表示设置 FTP 链接-->
<a href="ftp://服务器地址">显示超链接的文字</a>
```

4.3.6 下载文件链接

网页除了可以提供信息浏览之外,还可以提供资源下载,所以就需要下载链接。

下载文件的链接在软件下载网站或源代码下载网站中应用得较多。下载文件链接的创建方法与一般链接的创建方法相同,只是所链接的内容并非文字或网页,而是一个软件。

语法形式如下:

```
<!--下一行代码表示设置下载链接-->
<a href="下载软件名称">显示超链接的文字</a>
```

应用实例如例 4-5 所示。

```
<!--例 4-5-->
<!DOCTYPE html>
<html lang="en">
    <head>
        <meta charset="UTF-8">
        <title>下载链接</title>
    </head>
    <body>
        <a href="wrar.exe">解压缩文件下载</a><br>
    </body>
</html>
```

4.4 上机练习

本节制作一个简单的班级网站导航。具体步骤如下。

步骤 1: 打开笔记本,输入以下代码:

```
<!DOCTYPE html>
<html lang="en">
    <head>
        <title>班级网站</title>
```

```
        <meta http-equiv="Content-Type" content="text/html; charset=UTF-8">
    </head>
    <body>
        <table width="900" border="0" align="center" cellpadding="0" cellspacing
            ="0" >
            <tr>
                <td></td>
                <td ><a href="#">首页</a></td>
                <td></td>
                <td><a href="#">班级新闻</a></td>
                <td></td>
                <td><a href="#">班级相册</a></td>
                <td></td>
                <td><a href="#">个人主页</a></td>
                <td></td>
                <td><a href="#">留言本</a></td>
                <td></td>
                <td><a href="#">网页设计</a></td>
                <td></td>
                <td><a href="#">关于我们</a></td>
            </tr>
        </table>
    </body>
</html>
```

步骤 2：将文件保存为 four_html.html。

步骤 3：在浏览器中预览网页效果如图 4-7 所示。

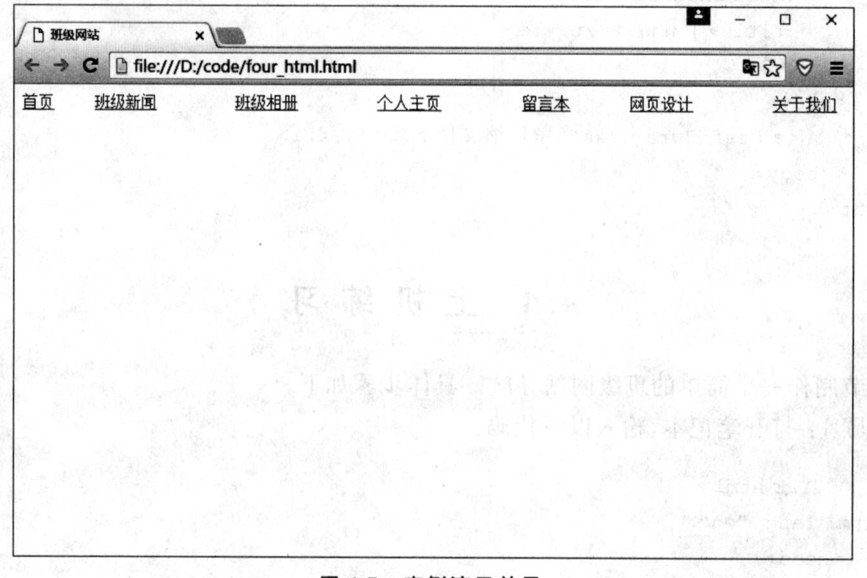

图 4-7　实例演示效果

4.5　本 章 小 结

本章主要介绍了链接方面的知识。链接使得网站的访问者能够在网页之间进行切换，甚至在网页的不同部分之间进行切换（实现不用滚动就可以找到所需要的位置）。其中包括：

（1）认识超链接、关于超链接的路径以及创建超链接的方法与技巧。

（2）讲解了创建各种不同类型超链接：文字超链接、图像超链接、书签链接、电子邮件链接、FTP 链接、下载文件链接等。

（3）列举了超链接中关键操作的生动实例。

相信通过本章的学习，读者可以很好地掌握网页中超级链接的相关知识，为深入学习HTML 打下坚实的基础。

第5章 列　表

列表可以有序地编排一些信息资源，使其结构化和条理化，并以列表的样式显示出来，以便浏览者能更加快捷地获得相应的信息。学习本章的目的是掌握列表的使用。列表可以使网页变得更加清晰、有条理，为实现完美的页面效果打下良好的基础。

本章重点

- 掌握无序列表的使用
- 掌握有序列表的使用
- 掌握嵌套列表的使用
- 掌握定义列表的使用

5.1 列表简介

列表是网页中的一个常用的标志元素，列表可以使网页变得更加清晰明了，使网页更加结构化。HTML5 中列表的分类主要有无序列表、有序列表、嵌套列表、定义列表。

5.2 无序列表

无序列表是项目列表，列表内容可以按任意顺序排列。列表项前不是用连续编号而是用一个特定符号来标记，默认是在每一列表项前加上一个圆点。无序列表开始于<ul>标签，并且结束于</ul>。它的列表项封闭在<li></li>标签对中，显示时列表项前都有项目符号，但是可以使用样式修改。

<ul>标签定义无序列表，<li> 标签定义列表项目。语法形式如下：

```
<ul>
    <li>项目名称</li>
    <li>项目名称</li>
    <li>项目名称</li>
</ul>
```

应用实例如例 5-1 所示。

```
<!--例5-1-->
<!DOCTYPE html>
<html lang="en">
    <head>
        <meta charset="UTF-8">
        <title>无序列表</title>
    </head>
    <body>
        <ul>
            <li>联系人:xxx</li>
            <li>联系地址:北京市丰台区</li>
            <li>邮政编码:100036</li>
        </ul>
    </body>
</html>
```

在浏览器中预览网页效果如图5-1所示。

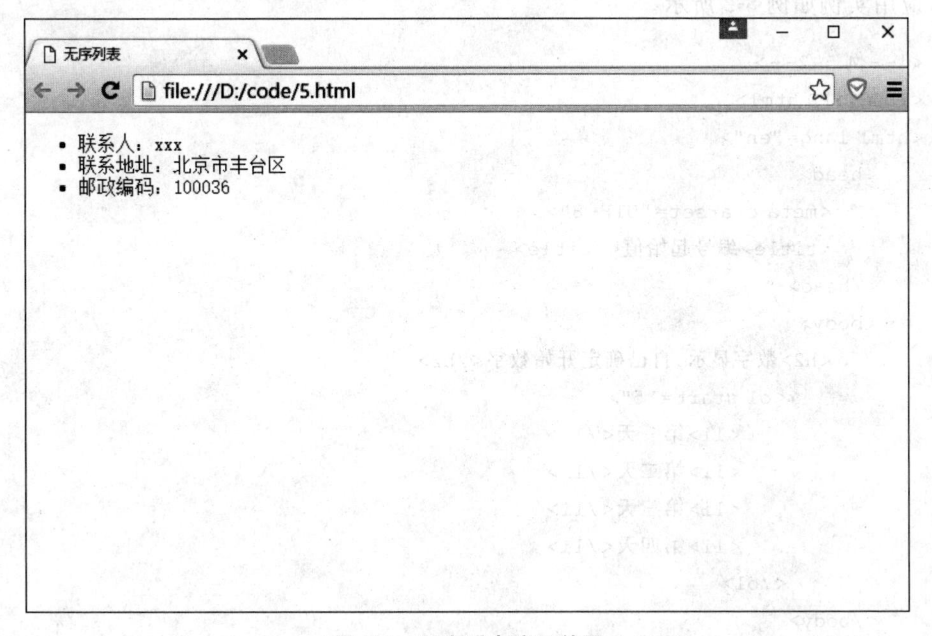

图5-1 无序列表演示效果

5.3 有序列表

5.3.1 有序列表及编号样式

有序列表是编号列表,用于对网页中的某些内容进行编号排列,以便使读者清晰地了解每行的顺序。在HTML中插入有序列表是通过<ol>和<li>标签来实现的。首标签<ol>和尾标签</ol>之间的内容是有序列表的内容,列表的每一项必包括在<li>与</li>之间。有序列表的编号样式多用数字表示,还有字母、罗马数字等样式。

5.3.2 编号起始值

如果希望指定编号列表的起始数值,就可以在<ol>元素中使用start属性。start属性的值必须是列表中该项的数值表示。

定义有序列表编号起始值的语法格式如下:

```
<ol start="起始值">
    <li>第一天</li>
    <li>第二天</li>
    <li>第三天</li>
    <li>第四天</li>
</ol>
```

应用实例如例5-2所示。

```
<!--例 5-2-->
<!DOCTYPE html>
<html lang="en">
    <head>
        <meta charset="UTF-8">
        <title>编号起始值</title>
    </head>
    <body>
        <h2>数字显示,自己确定开始数字</h2>
            <ol start="5">
                <li>第一天</li>
                <li>第二天</li>
                <li>第三天</li>
                <li>第四天</li>
            </ol>
    </body>
</html>
```

在浏览器中预览网页效果如图5-2所示。

5.3.3 列表项编号

在<ol>元素中使用type属性可以将列表项的排序方式由默认使用的阿拉伯数字改为在表5-1中列出的选项,具体的方法是将type属性的值设置为相应的字符。

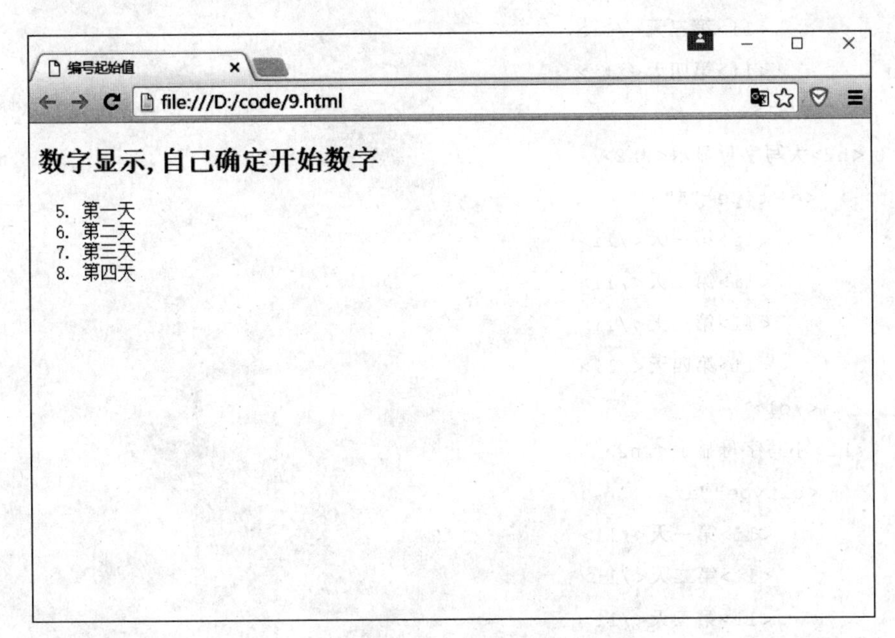

图 5-2　编号起始值演示效果

表 5-1　<ol>元素 type 属性

type 属性的值	描　　述	示　　例
1	阿拉伯数字(默认值)	1、2、3、4、5
A	大写字母	A、B、C、D、E
a	小写字母	a、b、c、d、e
I	大写罗马数字	Ⅰ、Ⅱ、Ⅲ、Ⅳ、Ⅴ
i	小写罗马数字	ⅰ、ⅱ、ⅲ、ⅳ、ⅴ

应用实例如例 5-3 所示。

```
<!--例 5-3-->
<!DOCTYPE html>
<html lang="en">
    <head>
        <meta charset="UTF-8">
        <title>列表项编号</title>
    </head>
    <body>
    <h2>数字显示</h2>
        <ol>
            <li>第一天</li>
            <li>第二天</li>
```

```
        <li>第三天</li>
        <li>第四天</li>
    </ol>
  <h2>大写字母显示</h2>
    <ol type="A">
        <li>第一天</li>
        <li>第二天</li>
        <li>第三天</li>
        <li>第四天</li>
    </ol>
  <h2>小写字母显示</h2>
    <oltype="a">
        <li>第一天</li>
        <li>第二天</li>
        <li>第三天</li>
        <li>第四天</li>
    </ol>
  <h2>小写罗马数字显示</h2>
    <ol type="i">
        <li>第一天</li>
        <li>第二天</li>
        <li>第三天</li>
        <li>第四天</li>
    </ol>
  <h2>大写罗马数字显示</h2>
    <ol type="I">
        <li>第一天</li>
        <li>第二天</li>
        <li>第三天</li>
        <li>第四天</li>
    </ol>
  </body>
</html>
```

在浏览器中预览网页效果如图 5-3 所示。

注意：type 属性被标记为弃用的类型，因为已经有了替代物——CSS 中的 list-style-type 属性。可以在<li>元素中使用 type 属性，这样将重写<ol>元素中该属性的值，但是这种用法已经被弃用，应当避免这样使用。

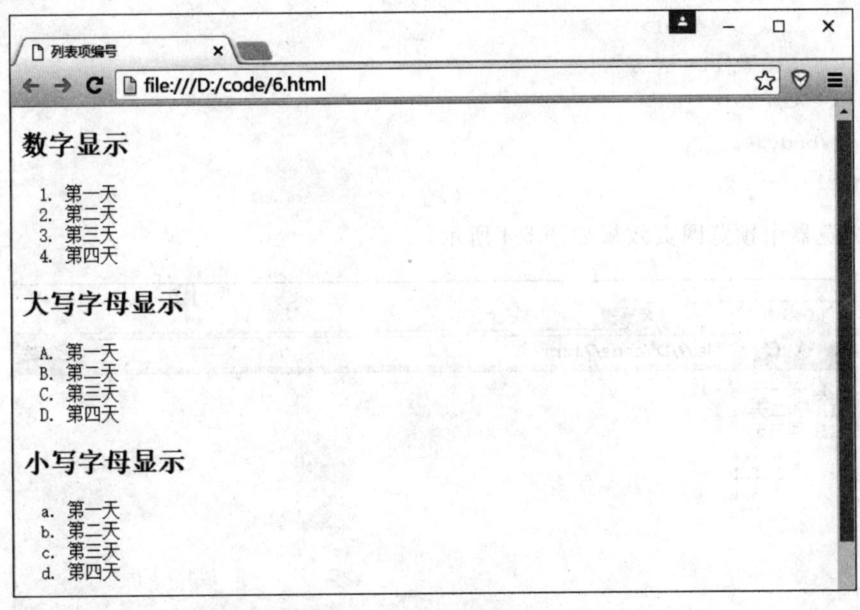

图 5-3 列表项演示效果

5.4 嵌套列表

在列表中可以嵌套其他列表。例如，可能希望一个编号列表包含多个单独的列表，每个列表对应于编号列表中的一项。每个嵌套的列表单独编号，除非使用 start 属性专门指定。每一个新的嵌套列表必须放置在<li>元素中。

应用实例如例 5-4 所示。

```
<!--例 5-4-->
<!DOCTYPE html>
<html>
    <head>
        <title>嵌套列表</title>
        <meta charset="utf-8">
    </head>
    <body>
        <ol type="I">
            <li>第一天</li>
            <li>第二天</li>
            <li>第三天
                <ol>
                    <li>1.1</li>
                    <li>2.1</li>
                    <li>3.1</li>
```

```
            </ol>
        </li>
    </ol>
</body>
</html>
```

在浏览器中预览网页效果如图 5-4 所示。

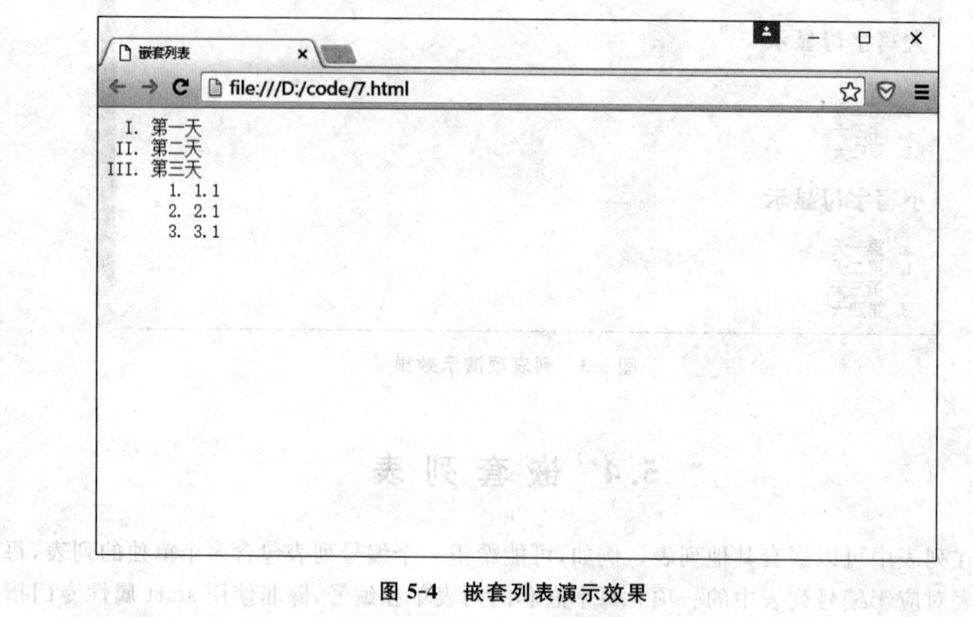

图 5-4 嵌套列表演示效果

5.5 定义列表

定义列表是一种特殊类型的列表，定义列表包含在<dl>元素中。<dl>元素中包含交替出现的<dt>元素和<dd>元素。<dt>元素的内容是元素的标题。在<dd>元素中包含前面<dt>元素元素的内容。

基本语法如下：

```
<dl>
    <dt>名称<dd>说明
    <dt>名称<dd>说明
    <dt>名称<dd>说明
    ...
<dl>
```

应用实例如例 5-5 所示。

```
<!--例 5-5-->
<!DOCTYPE html>
```

```
<html lang="en">
    <head>
        <meta charset="UTF-8">
        <title>定义列表</title>
    </head>
    <body>
        <dl>
            <dt>联系人<dd>xxx
            <dt>联系地址<dd>北京市丰台区
            <dt>邮政编码<dd>100036
        <dl>
    </body>
</html>
```

在浏览器中预览网页效果如图 5-5 所示。

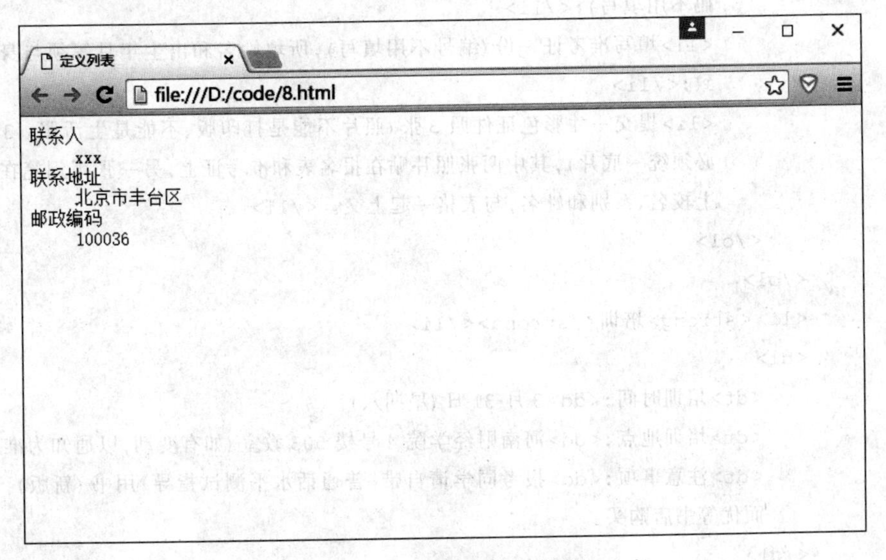

图 5-5 定义列表演示效果

5.6 上机练习

本节制作一个简单的通知。具体步骤如下。

步骤 1：打开笔记本，输入以下代码：

```
<!--例 5-6-->
<!DOCTYPE html>
<html lang="en">
    <head>
        <meta http-equiv="Content-Type" content="text/html; charset=UTF-8">
```

```
        <title>普通话考试通知</title>
    </head>
    <body>
        <h2><center><b>普通话考试通知</b></center></h2>
            我院今年 3 月份的普通话水平测试开始接受报名,具体事项通知如下:<br>
            <ol type="1">
                <li><strong>报名</strong></li>
            <ol type="A">
                <li>报名时间:3月 16 — 21 日,逾期不予受理。</li>
                <li>报名地点:所在院系办公室。</li>
                <li>报名费用:按物价局规定 85元/人/次(含培训费用),报名时交齐。</li>
                <li>提交资料及注意事项:</li>
            <ol type="a">
                <li>参加测试的学生须填写《河南省普通话水平测试报名表》一份(准考证号
                码不用填写);</li>
                <li>填写准考证一份(编号不用填写),所填姓名和出生年月等须与身份证一
                致;</li>
                <li>提交一寸彩色证件照 3 张(照片不能是打印版、不能是生活照,3 张照片
                必须统一底片),其中两张照片贴在报名表和准考证上,另一张用钢笔在背面写
                上校名、系别和姓名,与表格一起上交。</li>
            </ol>
        </ol>
        <li><strong>培训</strong></li>
        <dl>
            <dt>培训时间:<dd>3月 31 日(星期六)。
            <dt>培训地点:<dd>河南财经学院 4 号楼 503 教室(如有变动,以通知为准)。
            <dt>注意事项:<dd>报考同学请自带《普通话水平测试指导》用书(新版),可到学
            而优等书店购买。
        </dl>
        <li><strong>测试</strong></li>
        <ul>
            <li>测试时间:4月 7 日、8 日(星期六、星期日);</li>
            <li>测试地点:河南财经学院 3 号楼 401 教室。</li>
        </ul>
        <p>(注:具体时间和地点按河南财经学院测试站发回的准考证上所列。)</p>
        </ol>
    </body>
</html>
```

步骤 2: 将文件保存为 five_html.html。

步骤 3: 在浏览器中预览网页效果如图 5-6 所示。

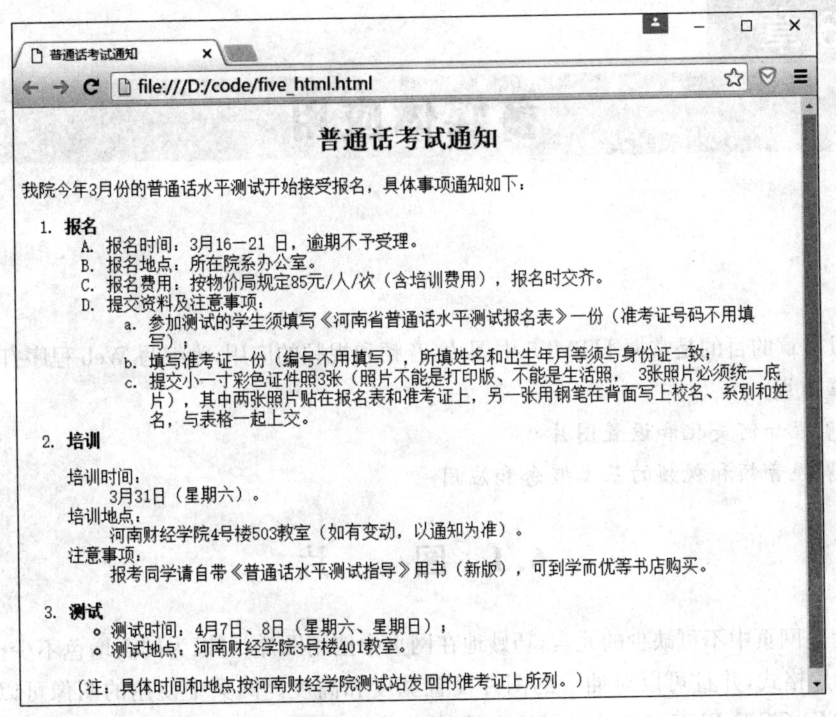

图 5-6 实例演示效果

5.7 本章小结

本章主要介绍了 HTML5 列表方面的知识。列表使得网页模块化变得更加直观，列表主要有无序列表、有序列表、嵌套列表、定义列表。

(1) 无序列表适合成员之间无级别顺序关系的情形；

(2) 有序列表适合各项目之间存在顺序关系的情形；

(3) 嵌套列表适用于一个列表包含多个单独列表的情形；

(4) 定义列表适用于一个术语名对应多重定义的情形。

第 6 章

多媒体应用

学习本章的目的是掌握 HTML5 中图片、音频和视频的应用，为编写 Web 程序打下基础。

本章重点

- 掌握如何美化和设置图片
- 掌握音频和视频的基本概念和应用

6.1 图　　片

图片是网页中不可缺少的元素，巧妙地在网页中使用图片，可以为网页增色不少。网页支持多种图片格式，并且可以对插入的图片设置宽度和高度。网页中使用的图像可以是 GIF、GPEG、BMP、TIFF、PNG 等格式的图像文件，其中最广泛的主要是 GIF 和 JPEG 两种格式。

6.1.1 图片标记

图像可以美化网页，插入图像使用单标记<img>。img 标记的属性及描述如表 6-1 所示。

表 6-1 <img>标记的属性及描述

属　　性	值	描　　述
alt	text	定义有关图像的短描述
src	URL	要显示的图像的 URL
height	Pixels%	定义图像的高度
ismap	URL	把图像定义为服务器端的图像映射
usemap	URL	定义作为客户端图像映射的一副图像
vspace	Pixels	定义图像顶部和底部的空表
width	Pixels%	设置图像的宽度

src 属性用于指定图片源文件的路径，它是 img 标记必不可少的属性。语法格式如下：

```
<img src="图片路径">
```

代码如下：

```
<!DOCTYPE html>
```

```
<html>
    <head>
        <meta charset="utf-8">
        <title>插入图片</title>
    </head>
    <body>
        <img src="../picture/image1.jpg">
    </body>
</html>
```

在浏览器中运行结果如图 6-1 所示。

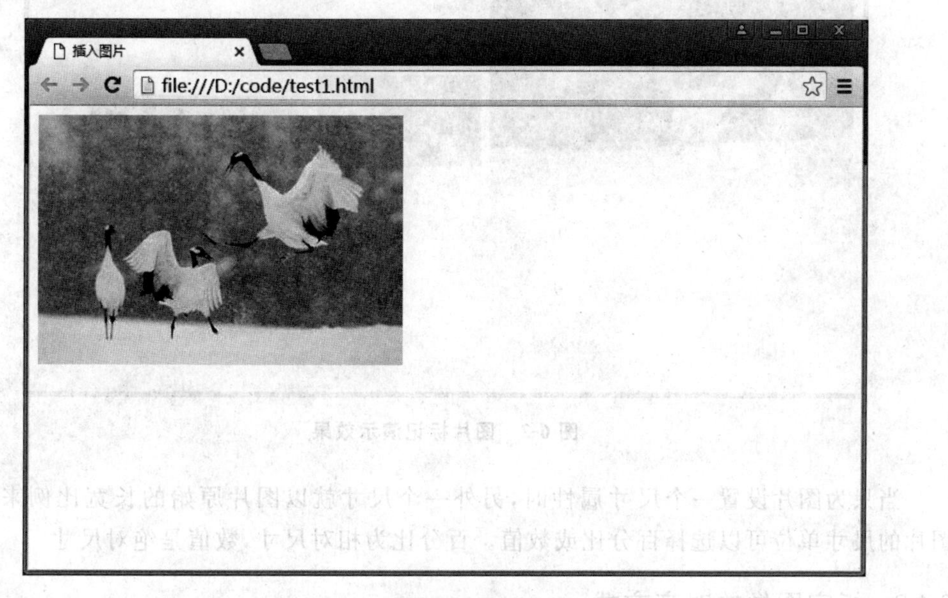

图 6-1 图片标记演示效果

6.1.2 指定图像的高与宽

在 HTML 文档中，还可以设置插入图片的显示大小，一般是按原始尺寸显示，但也可以任意设置显示尺寸。设置图像尺寸分别用属性 width（宽度）和 height（高度）。

例 6-1 的代码如下。

```
<!--例 6-1-->
<!DOCTYPE html>
<html>
    <head>
        <meta charset="utf-8">
        <title>插入图片</title>
    </head>
    <body>
        <img src="../picture/image1.jpg">
```

```
        <img src="../picture/image1.jpg" width=20%>
        <img src="../picture/image1.jpg" width=200 height=100>
    </body>
</html>
```

在浏览器中运行结果如图 6-2 所示。

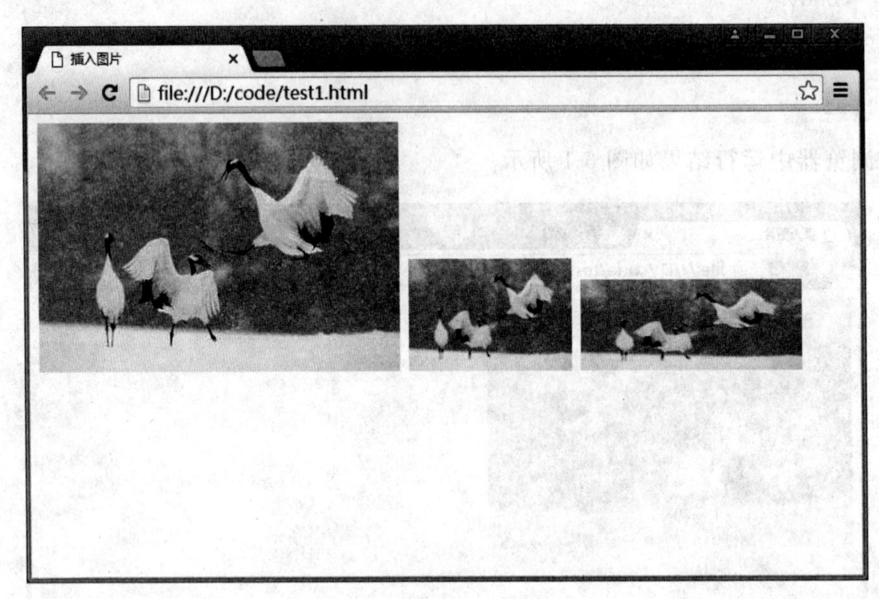

图 6-2 图片标记演示效果

当只为图片设置一个尺寸属性时，另外一个尺寸就以图片原始的长宽比例来显示。图片的尺寸单位可以选择百分比或数值。百分比为相对尺寸，数值是绝对尺寸。

6.1.3 指定图像的对齐方式

图像和文字之间的排列通过 align 参数来调整。图像的绝对对齐方式与相对文字的对齐方式不同，绝对对齐方式包括左对齐、右对齐和居中对齐 3 种，而相对文字对齐方式则是指图像与一行文字的相对位置。语法格式如下：

```
<img src="图像文件地址" align="相对文字的对齐">
```

在该语法中，align 的取值如表 6-2 所示。

表 6-2 图像相对文字的对齐方式

align 取值	对 齐 方 式
top	把图像的顶部和同行的最高部分对齐（可能是文本的顶部，也可能是图像的顶部）
middle	把图像的中部和同行的中部对齐（通常是文本行的基线，并不是实际的行的中部）
bottom	把图像的底部和同行文本的底部对齐
texttop	把图像的顶部和同行中最高的文本的顶部对齐
absmiddle	把图像的中部和同行中最大项的中部对齐

续表

align 取值	对 齐 方 式
baseline	把图像的底部和文本的基线对齐
absbottom	把图像的底部和同行中最低项的底部对齐
left	使图像和左边界对齐(文本环绕图像)默认值
right	使图像和右边界对齐(文本环绕图像)
align 取值	对齐方式

例 6-2 的代码如下。

```
<!--例 6-2-->
<!DOCTYPE html>
<html>
    <head>
        <meta charset="utf-8">
        <title>插入图片</title>
    </head>
    <body>
        <font size="+3" color="#ff66cc">对齐方式</font>
        <img src="../picture/image1.jpg" align="bottom" width=20%>
        <img src="../picture/image1.jpg" align="middle" width=20%>
        <img src="../picture/image1.jpg" align="texttop" width=20%>
        <img src="../picture/image1.jpg" align="abseline" width=20%>
    </body>
</html>
```

在浏览器中运行结果如图 6-3 所示。

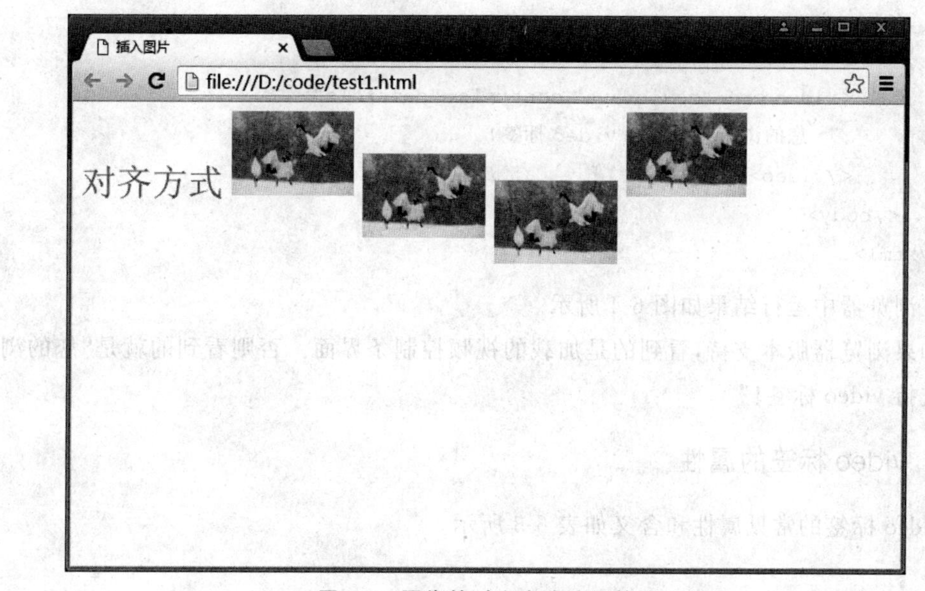

图 6-3　图像的对齐方式演示效果

6.2 音频和视频

目前,在网页上没有关于音频和视频的标准,多数音频和视频都是通过插件来播放的。为此,HTML5 新增了音频和视频的标签。本节将讲述音频和视频的基本概念、常用属性和浏览器的支持情况。

6.2.1 视频文件格式

video 标签主要是定义播放视频文件或者视频流的标准。它支持 3 种视频格式,分别为 Ogg、WebM 和 MPEG4。

如果需要在 HTML5 网页中播放视频,输入的基本格式如下:

```
<video src="123.mp4" controls="controls">...</video>
```

其中,在<video>和</video>之间插入的内容是供不支持 video 元素的浏览器显示的。

例 6-3 的代码如下。

```
<!--例 6-3-->
<!DOCTYPE html>
<html>
    <head>
        <meta charset="utf-8">
        <title>video</title>
    </head>
    <body>
        <video src="movie.avi" controls="controls">
            您的浏览器不支持 video 标签!
        </video>
    </body>
</html>
```

在浏览器中运行结果如图 6-4 所示。

如果浏览器版本支持,看到的是加载的视频控制条界面。否则看到的就是"您的浏览器不支持 video 标签!"

6.2.2 video 标签的属性

video 标签的常见属性和含义如表 6-3 所示。

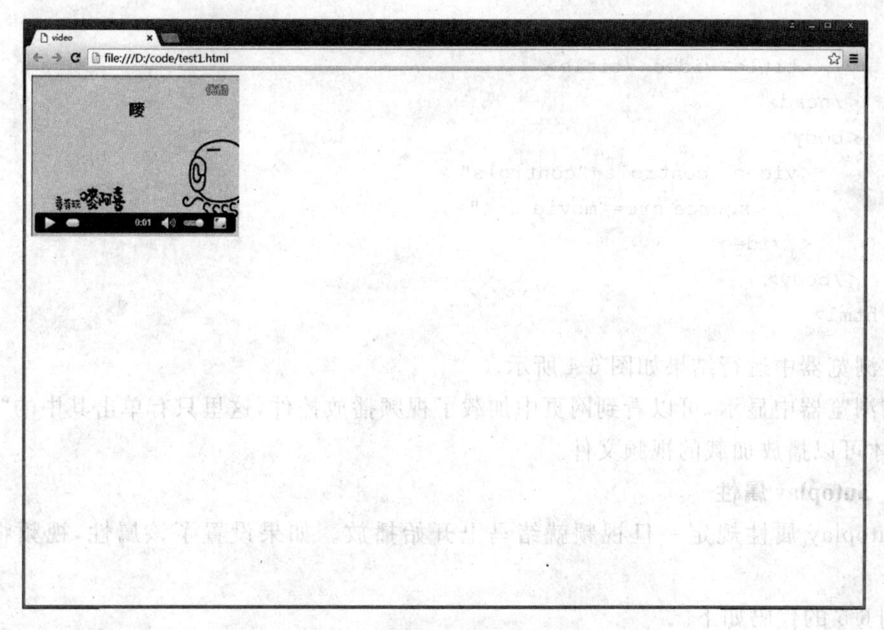

图 6-4 视频文件格式演示效果

表 6-3 video 标签的常见属性和含义

属 性	值	描 述
autoplay	autoplay	视频就绪后马上播放
controls	controls	向用户显示控件,比如播放按钮
loop	loop	每当视频结束时重新开始播放
preload	preload	视频在页面加载时进行加载,并预备播放。如果使用 autoplay,则忽略该属性
src	url	要播放的视频的 URL
width	宽度值	设置视频播放器的宽度
height	高度值	设置视频播放器的高度
poster	url	当视频未响应或缓冲不足时,该属性值链接到一个图像。该图像将以一定比例被显示出来

6.2.3 为视频添加控件和自动播放

1. controls 属性

controls 属性规定浏览器应该为视频提供播放控件。其中浏览器控件应该包括播放、暂停、定位、音量、全屏切换等。

例 6-4 的代码如下。

```
<!--例 6-4-->
<!DOCTYPE html>
<html>
    <head>
```

```
    <meta charset="utf-8">
    <title>video</title>
</head>
<body>
    <video  controls="controls" >
        <source src="movie.mp4">
    </video>
</body>
</html>
```

在浏览器中运行结果如图 6-4 所示。

在浏览器中显示，可以看到网页中加载了视频播放控件，这里只有单击其中的“播放”按钮，才可以播放加载的视频文件。

2. autoplay 属性

autoplay 属性规定一旦视频就绪马上开始播放。如果设置了该属性，视频将自动播放。

例 6-5 的代码如下。

```
<!--例 6-5-->
<!DOCTYPE html>
<html>
    <head>
        <title>video</title>
    </head>
    <body>
        <video  controls="controls"  autoplay="autoplay">
            <source src="movie.mp4">
        </video>
    </body>
</html>
```

在浏览器中运行结果如图 6-5 所示。

在浏览器中显示，可以看到网页中加载了视频播放控件，并开始自动播放加载的视频文件。

6.2.4 为视频指定循环播放和海报图像

1. loop 属性

loop 属性规定当视频结束后将重新开始播放。如果设置该属性，则视频将循环播放。

例 6-6 的代码如下。

```
<!--例 6-6-->
<!DOCTYPE html>
<html>
```

图 6-5 视频控件属性演示效果

```
    <head>
        <meta charset="utf-8">
        <title>video</title>
    </head>
    <body>
        <video  controls="controls" loop="loop" >
            <source src="movie.mp4">
        </video>
    </body>
</html>
```

在浏览器中显示，可以看到网页中加载了视频播放控件，并循环播放加载的视频文件。

2. poster 属性

通过 poster 属性可以设置替换视频的图片（封面图片），浏览器在下面三种情况下会使用这个图片：

(1) 视频第一帧未加载完毕。

(2) 把 preload 属性设置为 none。

(3) 没有找到指定的视频文件。

例 6-7 的代码如下。

```
<!--例 6-7-->
<!DOCTYPE html>
<html>
    <head>
        <meta charset="utf-8">
```

```
        <title>video</title>
    </head>
    <body>
        <video  controls="controls"  poster="image.jpg">
            <source src="movie.mp4">
        </video>
    </body>
</html>
```

在浏览器中运行结果如图 6-6 所示。

图 6-6　视频 poster 属性演示效果

6.2.5　阻止视频预加载

Firefox 允许禁止预加载模式，代码如下：

```
user_pref("network.prefetch-next",?false)
```

预加载(Link prefetch)不能跨域工作，包括跨域拉取 Cookies。

预加载会污染你的网站访问量统计，因为有些预加载到浏览器的页面用户可能并未真正访问。

火狐浏览器从 2003 年开始就已经提供了对这项预加载技术的支持。

注意：user_pref("network. prefetch-next",false)属于 JavaScript 相关知识。

6.2.6　音频文件格式

audio 标签主要是定义播放声音文件或者音频流的标准。它支持 3 种音频格式，分别为 Ogg、MP3 和 WAV。

如果需要在 HTML5 网页中播放音频，输入的基本格式如下：

```
<audio  src="song.mp3" controls="controls" ></audio >
```

提示：src 属性规定要播放的音频的地址，controls 属性是供添加播放、暂停和音量控件的属性。

另外，在<audio>和</audio>之间插入的内容是供不支持 audio 元素的浏览器显示的。

例 6-8 的代码如下。

```
<!--例 6-8-->
<!DOCTYPE html>
<html>
    <head>
        <meta charset="utf-8">
        <title>audio</title>
    </head>
    <body>
        <audio src="song.mp3" controls="controls">
            您的浏览器不支持 audio 标签！
        </audio>
    </body>
</html>
```

在浏览器中运行结果如图 6-7 所示。

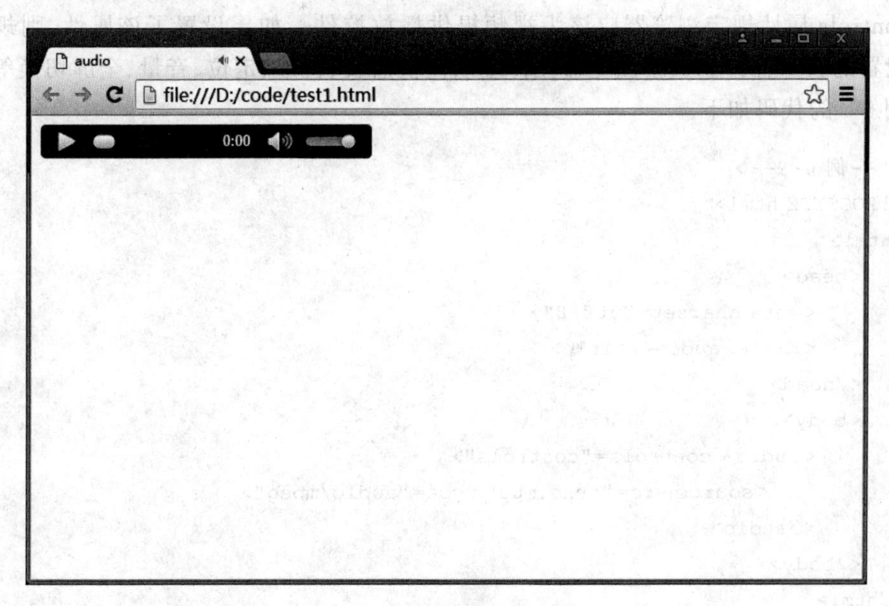

图 6-7　音频文件演示效果

如果浏览器版本支持，看到的是加载的视频控制条界面，否则看到的就是“您的浏览器不支持 audio 标签!"

6.2.7 audio 标签的属性

audio 标签的常见属性和含义如表 6-4 所示。

表 6-4 audio 标签的常用属性

属　性	值	描　述
autoplay	autoplay(自动播放)	音频就绪后马上播放
controls	controls(控制)	向用户显示控件,比如播放按钮
loop	loop(循环)	每当音频结束时重新开始播放
preload	preload(加载)	音频在页面加载时进行加载,并预备播放。如果使用 autoplay,则忽略该属性
src	url(地址)	要播放的音频的 URL

另外,audio 标签可以通过 source 属性添加多个音频文件,具体格式如下:

```
<audio controls="controls">
    <source src="123.ogg" type="audio/ogg">
    <source src="123.mp3" type="audio/mp3">
</audio>
```

6.2.8 自动播放、循环和载入音频

1. controls 属性

controls 属性规定浏览器应该为视频提供播放控件。如果设置了该属性,则规定不存在设置的脚本控件。其中浏览器控件应该包括播放、暂停、定位、音量、全屏切换等。

例 6-9 的代码如下。

```
<!--例 6-9-->
<!DOCTYPE html>
<html>
    <head>
        <meta charset="utf-8">
        <title>audio</title>
    </head>
    <body>
        <audio  controls="controls">
            <source src="song.mp3" type="audio/mpeg">
        </audio>
    </body>
</html>
```

在浏览器中显示,可以看到网页中加载了音频播放控件,这里只有单击其中的"播放"按钮,才可以播放加载的音频文件。

2. autoplay 属性

autoplay 属性规定一旦视频就绪马上开始播放。如果设置了该属性，视频将自动播放。

例 6-10 的代码如下。

```
<!--例 6-10-->
<!DOCTYPE html>
<html>
    <head>
        <title>audio</title>
    </head>
    <body>
        <audio  controls="controls" autoplay="autoplay" >
            <source src="song.mp3" type="audio/mpeg">
        </audio>
    </body>
</html>
```

在浏览器中运行结果如图 6-8 所示。

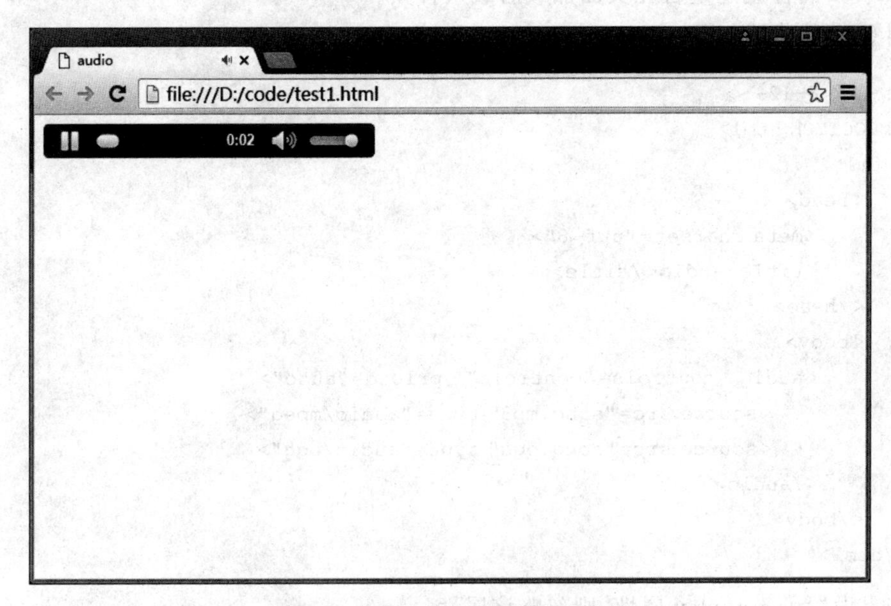

图 6-8　音频文件自动播放演示效果

在浏览器中显示，可以看到网页中加载了音频播放控件，并开始自动播放加载的音频文件。

3. loop 属性

loop 属性规定当视频结束后将重新开始播放。如果设置该属性，则视频将循环播放。

例 6-11 的代码如下。

```
<!--例 6-11-->
<!DOCTYPE html>
<html>
    <head>
        <meta charset="utf-8">
        <title>audio</title>
    </head>
    <body>
        <audio  controls="controls"  loop="loop">
            <source src="song.mp3" type="audio/mpeg">
            <source src="song.ogg" type="audio/ogg">
        </audio>
    </body>
</html>
```

在浏览器中显示，可以看到网页中加载了音频播放控件，并循环播放加载的音频文件。

4. preload 属性

preload 属性规定是否在页面加载后载入音频。

例 6-12 的代码如下。

```
<!--例 6-12-->
<!DOCTYPE html>
<html>
    <head>
        <meta charset="utf-8">
        <title>audio</title>
    </head>
    <body>
        <audio  controls="controls"  prload="auto">
            <source src="song.mp3" type="audio/mpeg">
            <source src="song.ogg" type="audio/ogg">
        </audio>
    </body>
</html>
```

如果设置了 autoplay 属性，则忽略该属性。

preload 可能的值：

- auto：当页面加载后载入整个音频。
- meta：当页面加载后只载入元数据。
- none：当页面加载后不载入音频。

6.2.9 使用多种来源的视频和备用文本

浏览器兼容，如何让每一个浏览器都能顺利播放视频。现在大部分浏览器都能支持

H.264格式的视频，但Opera浏览器却一直不支持。我们需要通过后备措施保证每个人都能看到视频，通常有下面几种方案：

1. 使用多种视频格式

<video>元素有个内置的格式后备系统。我们不使用src属性，而是在其内部嵌套一组<source>元素，浏览器会选择播放第一个它所支持的文件。

```
<video  controls>
   <source  src="hangge.mp4"  type="video/mp4">
   <source  src="hangge.webm"  type="video/webm">
</video>
```

2. 添加Flash后备措施(推荐)

上面方法并不推荐给读者，因为Opera浏览器只占不到1%的份额，并不必要特意为它把视频都转码。这里，使用Flash作为备用播放方案是比较方便的方案，同时Flash还能兼容IE8这种连<video>元素都不支持的旧版本浏览器。

如下代码使用Flowplayer Flash作为备用播放器：

```
<video  controls>
   <source src="hangge.mp4"type="video/mp4">
   <source src="hangge.webm"type="video/webm">
      <object id="flowplayer" width="400" height="300"
         data="flowplayer-3.2.18.swf"
         type="application/x-shockwave-flash">
         <param name="movie"value="flowplayer-3.2.18.swf">
         <param name="flashvars"value='config={"clip":"hangge.mp4"}'>
      </object>
</video>
```

也有人优先使用Flash，而HTML5作为后备措施。这么做是因为Flash普及率比较高，而HTML5作为后备可以扩展iPad和iPhone用户，代码如下：

```
<object id="flowplayer" width="400" height="300"
   data="flowplayer-3.2.18.swf"
   type="application/x-shockwave-flash">
   <param  name="movie"  value="flowplayer-3.2.18.swf">
   <param  name="flashvars"  value='config={"clip":"hangge.mp4"}'>
   <video  controls>
      <source  src="hangge.mp4"  type="video/mp4">
      <source  src="hangge.webm"  type="video/webm">
   </video>
</object>
```

6.3 本章小结

本章主要讲解了图片、音频以及视频的基本结构和基本语法。重点内容如下：

(1) <img src="###">加载图片。用width、height和align设置图片的宽、高和对齐方式。

(2) <video src="###">加载视频。

(3) <audio src="###">加载音频。

autoplay和loop用来设置自动播放和循环播放音频或视频。

第7章

表 格

在网页中表格是一种经常使用的设计结构，就像表格的内容中可以包含任何的数据，如文字、图像、表单、超链接、表格等。所有在 HTML 中可以使用的数据，都可以被设置在表格中，所以有关表格的设置的标记与属性非常多，表格在网页设计中占有了很大的分量。

本章重点

- 熟练掌握表格的基本格式
- 掌握＜table＞标签下的常用属性
- 掌握＜table＞样式的设计
- 熟悉表格的结构化、直列化以及表格的标题
- 了解表格的嵌套

7.1 表格标记

使用表格来展示数据，可以使数据更清晰，在网页布局中，使用表格进行布局，使得结构位置更简单。

一个表格包括行和列：

- ＜table＞用来标识一个表格对象的开始，＜/table＞是标识一个表格对象的结束，一个表格中只允许出现一对＜table＞。
- ＜tr＞用来标识一行的开始，＜/tr＞标记用于标识表格一行的结束，表格内有多少对＜tr＞＜/tr＞根据表格的行数来确定。
- ＜td＞用来标识表格某行中的一个单元格的开始，＜/td＞标记用于标识一个单元格的结束。＜td＞＜/td＞标记应书写在＜tr＞＜/tr＞标记内。

例 7-1 的代码如下。

```
<--例 7-1-->
<!DOCTYPE html>
<html>
    <head>
        <title>thisisatable</title>
        <meta charset="utf-8" />
    </head>
```

```
    <body>
        <table border="1">
            <tr>
                <td>A1</td>
                <td>B1</td>
                <td>C1</td>
            </tr>
            <tr>
                <td>A2</td>
                <td>B2</td>
                <td>C2</td>
            </tr>
        </table>
    </body>
</html>
```

在浏览器中运行效果如图 7-1 所示。

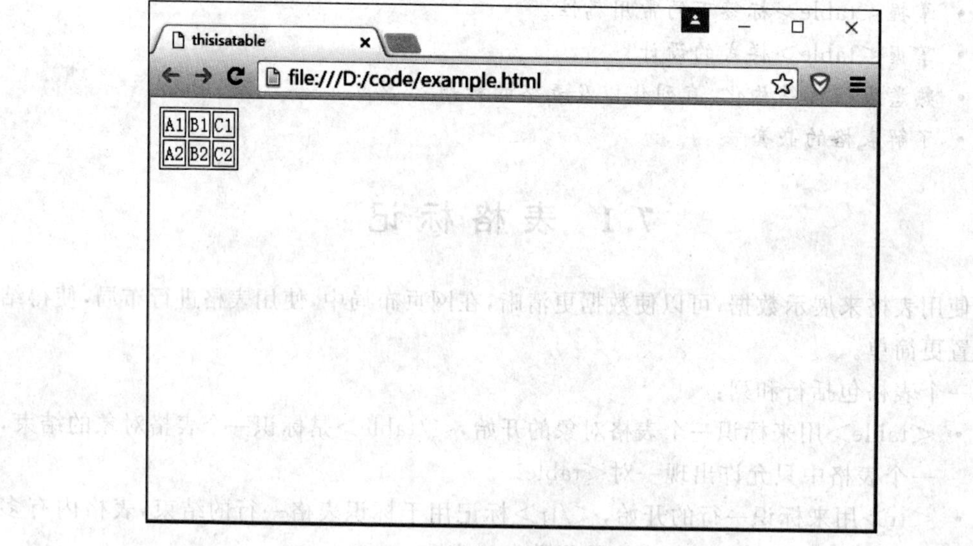

图 7-1 表格实例演示效果

7.1.1 表格标题

有时候我们的表格往往是有一定意义的，表格的标题是非常有必要的。

为表格添加标题，可用<caption>标签定义表格的标题。<caption>标签必须直接放置到<table>标签之后。每个表格只能指定一个标题。

```
<caption>表格标题</caption>
```

例 7-2 的代码如下。

```
<--例 7-2-->
```

```
<!DOCTYPE html>
<html>
    <head>
        <meta charset="utf-8">
        <title></title>
    </head>
    <body>
        <table border=1>
            <caption>标题</caption>
            <tr>
                <td>A1</td>
                <td>B1</td>
                <td>C1</td>
            </tr>
            <tr>
                <td>A2</td>
                <td>B2</td>
                <td>C2</td>
            </tr>
        </table>
    </body>
</html>
```

在浏览器中运行效果如图7-2所示。

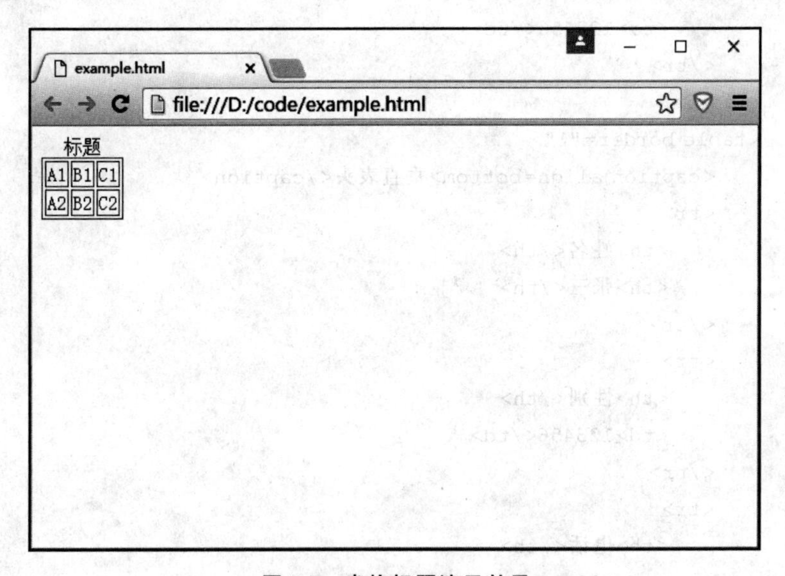

图7-2　表格标题演示效果

提示：通常标题会居中显示在表格上方，当设置了<caption align=bottom>水平表头</caption>，表格的名称就会显示在下方。

7.1.2 表格表头

具有实际意义的表格，表头也是非常必要的，常见的表头包括垂直和水平两种。例 7-3 的代码如下。

```
<--例 7-3-->
<!DOCTYPE html>
<html>
    <head>
        <meta charset="utf-8">
        <title></title>
    </head>
    <body>
        <table border="1">
            <caption align=bottom>水平表头</caption>
            <tr>
                <th>姓名</th>
                <th>性别</th>
                <th>电话</th>
            </tr>
            <tr>
                <td>张三</td>
                <td>男</td>
                <td>123456</td>
            </tr>
        </table>
        <table border="1">
            <caption align=bottom>垂直表头</caption>
            <tr>
                <th>姓名</th>
                <th>张三</th>
            </tr>
            <tr>
                <th>性别</th>
                <td>123456</td>
            </tr>
            <tr>
                <th>电话</th>
                <td>123456</td>
            </tr>
        </table>
    </body>
</html>
```

在浏览器中运行效果如图 7-3 所示。

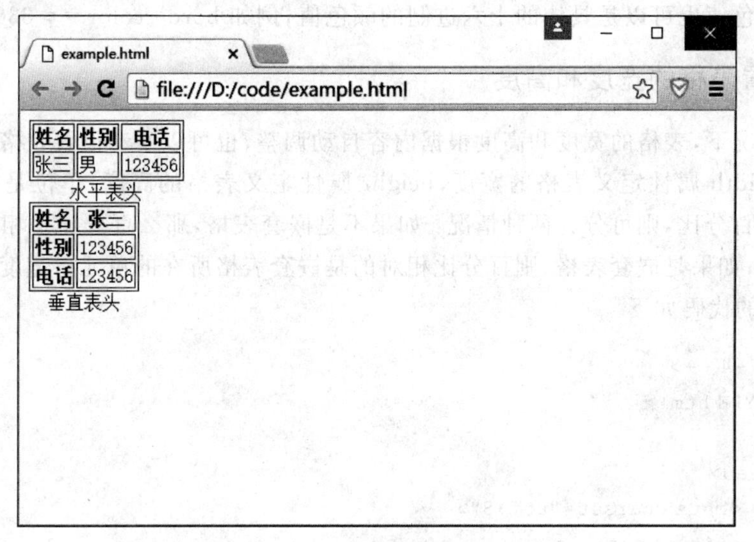

图 7-3 表格表头演示效果

7.2 表格属性

7.2.1 设置表格的边框属性

默认情况下，表格的边框为 0，也可以为表格设置边框线。

```
border="value"
```

利用 border 自带的属性，可以定义表格的边框类型，如常见的加粗边框的表格。border 属性所对应的属性值越大，所显示边框越粗，即边框的粗细是由 border 的值来决定的，如图 7-4 所示。

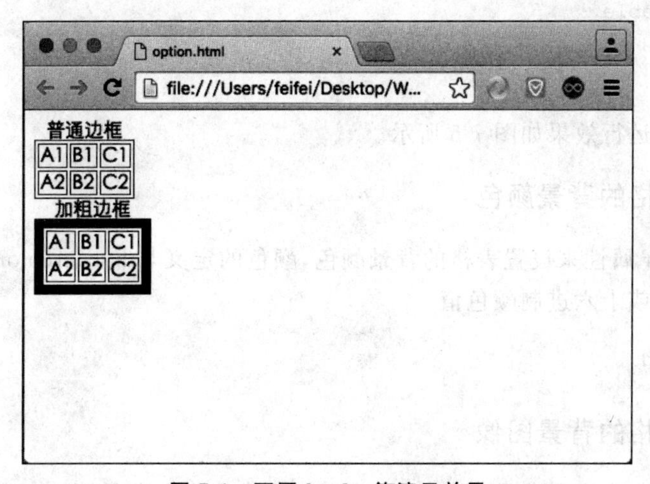

图 7-4 不同 border 值演示效果

还可以为表格设置边框线的颜色，通过 bordercolor＝颜色值(red，blue，green……)来设置。颜色值也可以是具体的十六进制的颜色值，例如 bordercolor＝＃336699。

7.2.2 设置表格的宽度和高度

默认情况下，表格的宽度和高度根据内容自动调整，也可以手动设置表格的宽度和高度。通过 width 属性定义表格的宽度，height 属性定义表格的高度，单位是像素或百分比。如果是百分比，则可分为两种情况：如果不是嵌套表格，那么百分比是相对于浏览器窗口而言的；如果是嵌套表格，则百分比相对的是嵌套表格所在的单元格宽度和高度。

例 7-4 的代码如下。

```
<--例 7-4 -->
<!DOCTYPE html>
<html>
    <head>
        <meta charset="utf-8">
        <title></title>
    </head>
    <body>
        <table border=1 width="300px" height="200px">
            <tr>
                <td>A1</td>
                <td>B1</td>
                <td>C1</td>
            </tr>
            <tr>
                <td>A2</td>
                <td>B2</td>
                <td>C2</td>
            </tr>
        </table>
    </body>
</html>
```

在浏览器中运行效果如图 7-5 所示。

7.2.3 设置表格的背景颜色

通过 bgcolor 属性来设置表格的背景颜色，颜色的定义与 bordercolor 类似，即可以使用英文颜色名称或十六进制颜色值。

```
bgcolor=red
```

7.2.4 设置表格的背景图像

除了可以为表格定义背景颜色之外，还可以为表格定义背景图片。

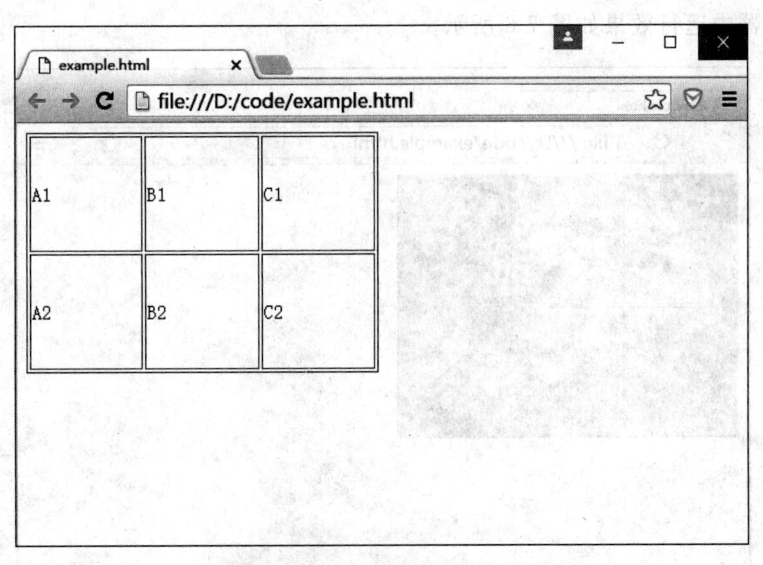

图 7-5 表格宽度和高度演示效果

```
background="图片路径"
```

例 7-5 的代码如下。

```
<--例 7-5-->
<!DOCTYPE html>
<html>
    <head>
        <meta charset="utf-8">
        <title></title>
    </head>
    <body>
        <table background="little_Prce.jpg " border=1 height="220px" width=
                        "293px">
            <tr>
                <td>A1</td>
                <td>B1</td>
                <td>C1</td>
            </tr>
            <tr>
                <td>A2</td>
                <td>B2</td>
                <td>C2</td>
            </tr>
        </table>
    </body>
</html>
```

在浏览器中运行效果如图 7-6 所示。

图 7-6　表格背景演示效果

7.2.5　设置表格单元格间距

表格的单元格和单元格之间，可以设定一定的距离，这样可以使表格显得不会过于紧凑，单元格之间的距离是由 cellspacing 的值来决定的。

```
cellspacing=""
```

例 7-6 的代码如下。

```
<--例 7-6-->
<!DOCTYPE html>
<html>
    <head>
        <meta charset="utf-8">
        <title></title>
    </head>
    <body>
        <table  border=1 cellspacing="10">
            <caption>单元格间距</caption>
            <tr>
                <td>A1</td>
                <td>B1</td>
                <td>C1</td>
            </tr>
            <tr>
                <td>A2</td>
```

```
                <td>B2</td>
                <td>C2</td>
            </tr>
        </table>
    </body>
</html>
```

在浏览器中运行效果如图 7-7 所示。

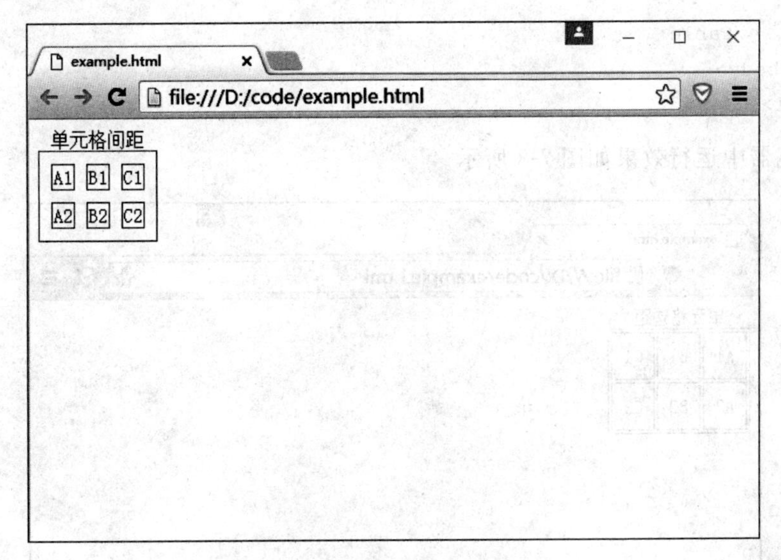

图 7-7 表格间距演示效果

7.2.6 设置表格单元格边距

边距指的是表格的单元格的内容与单元格边界之间空白距离的大小。

```
cellpadding=具体的值
```

例 7-7 的代码如下。

```
<!--例 7-7-->
<!DOCTYPE html>
<html>
    <head>
        <meta charset="utf-8">
        <title></title>
    </head>
    <body>
        <table border=1  cellpadding=10>
            <caption>单元格边距</caption>
            <tr>
                <td>A1</td>
```

```
            <td>B1</td>
            <td>C1</td>
        </tr>
        <tr>
            <td>A2</td>
            <td>B2</td>
            <td>C2</td>
        </tr>
    </table>
</body>
</html>
```

在浏览器中运行效果如图 7-8 所示。

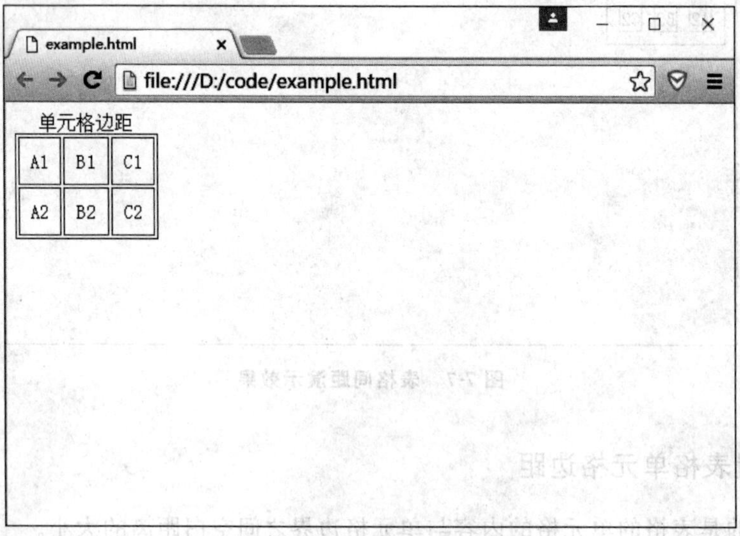

图 7-8　单元格边距演示效果

注意：需要区分的是，单元格边距（表格填充）（cellspacing）代表单元格外面的一个距离，用于隔开单元格与单元格的空间，单元格间距（表格间距）（cellpadding）代表表格边框与单元格补白的距离，也是单元格补白之间的距离。

7.2.7　设置表格的水平对齐属性

类似文档，表格也有 align 属性，align 属性规定表格相对于周围元素的对齐方式。通常来说，HTML 表格的前后都会出现折行。通过运用 align 属性，可实现其他 HTML 元素围绕表格的效果。align 的取值有三个，分别是 left、right、center，分别对应居左、居右、居中。

```
<tablealign="">…</table>
```

例 7-8 的代码如下。

```
<--例 7-8-->
<!DOCTYPE html>
<html>
    <head>
        <meta charset="utf-8">
        <title></title>
    </head>
    <body>
        <table border=1 align="center">
            <caption>表格居中</caption>
            <tr>
                <td>A1</td>
                <td>B1</td>
                <td>C1</td>
            </tr>
            <tr>
                <td>A2</td>
                <td>B2</td>
                <td>c2</td>
            </tr>
        </table>
    </body>
</html>
```

在浏览器中运行效果如图 7-9 所示。

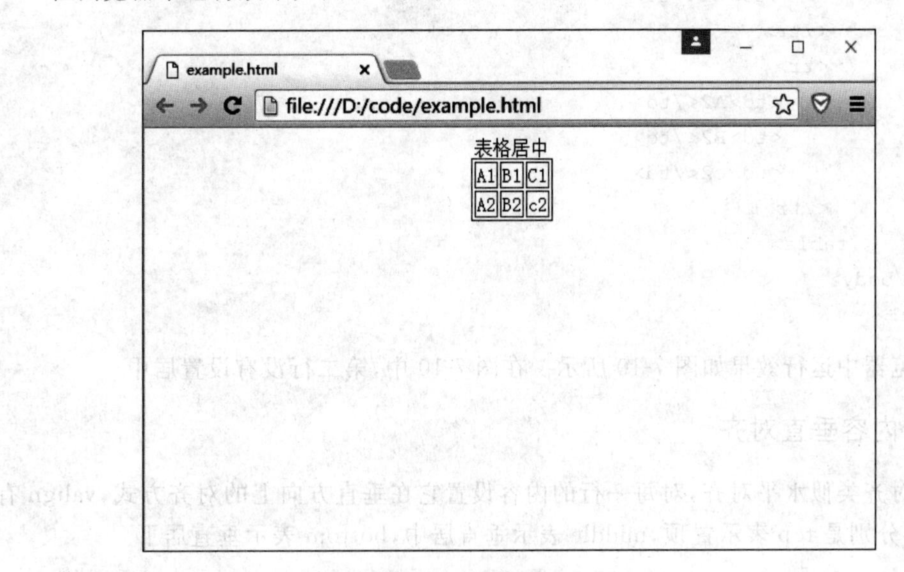

图 7-9 水平对齐演示效果

7.3　设置行的属性

每个表格都有自己的属性。为了细化表格的属性组成，我们来进一步学习行的属性。

7.3.1　行内容水平对齐

类似表格的水平对齐方式，行内容水平对齐方式的属性也是 align，它同样也有三个值，分别是 left、right、center。

例 7-9 的代码如下。

```
<--例 7-9-->
<!DOCTYPE html>
<html>
    <head>
        <meta charset="utf-8">
        <title></title>
    </head>
    <body>
        <table border=1 width="200">
            <caption>内容居中</caption>
            <tr align="center">
                <td>A1</td>
                <td>B1</td>
                <td>C1</td>
            </tr>
            <tr>
                <td>A2</td>
                <td>B2</td>
                <td>c2</td>
            </tr>
        </table>
    </body>
</html>
```

在浏览器中运行效果如图 7-10 所示。在图 7-10 中，第二行没有设置居中。

7.3.2　行内容垂直对齐

垂直对齐类似水平对齐，对每一行的内容设置它在垂直方向上的对齐方式，valign 有三个取值，分别是 top 表示置顶，middle 表示垂直居中，bottom 表示垂直居下。

注意：在使用的时候要注意与 align 的区别。

例 7-10 的代码如下。

```
<--例 7-10-->
```

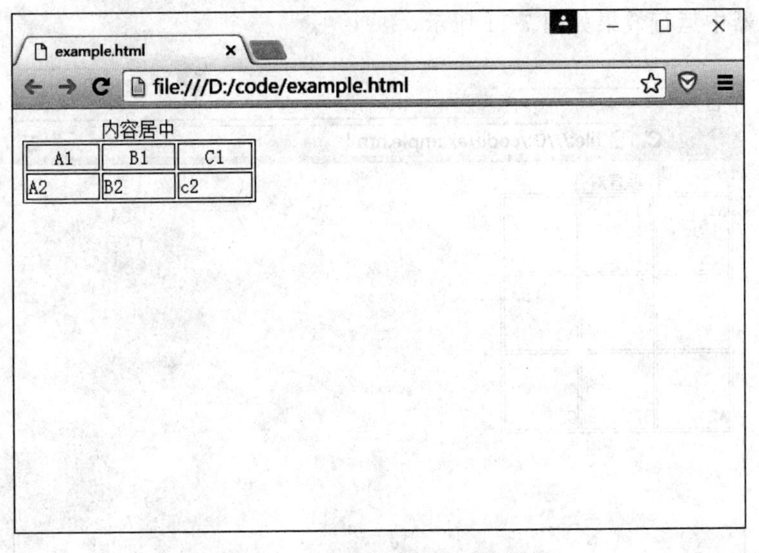

图 7-10　行内容水平对齐演示效果

```
<!DOCTYPE html>
<html>
    <head>
        <meta charset="utf-8">
        <title></title>
    </head>
    <body>
        <table border=1 width="200px" height="200px">
            <caption>行垂直对齐</caption>
            <tr valign="top">
                <td>A1</td>
                <td>B1</td>
                <td>C1</td>
            </tr>
            <tr valign="middle">
                <td>A1</td>
                <td>B1</td>
                <td>C1</td>
            </tr>
            <tr valign="bottom">
                <td>A2</td>
                <td>B2</td>
                <td>C2</td>
            </tr>
        </table>
    </body>
</html>
```

在浏览器中运行效果如图 7-11 所示。

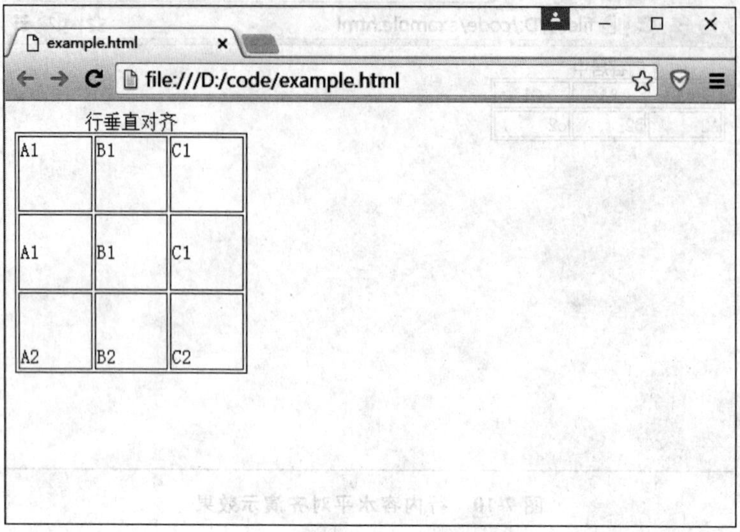

图 7-11　行内容垂直对齐演示效果

7.4　设置单元格的属性

整个表格的样式是由每个单元格组成的，当我们设置了每个单元格的属性的时候，组成的就是整个表格的整体样式。在实际应用中只设置样式远远不够，有时候还会对单元格进行划分与合并，合并的方向有两种，一种是上下合并，另一种是左右合并。

7.4.1　设置单元格跨行

上下单元格的合并需要为<td>标记增加 rowspan 属性，格式如下。

```
<td rowspan="数值">单元格内容</td>
```

例 7-11 的代码如下。

```
<--例 7-11-->
<!DOCTYPE html>
<html>
    <head>
        <meta charset="utf-8">
        <title></title>
    </head>
    <body>
        <table border=1>
            <caption>上下行合并</caption>
            <tr>
                <td rowspan=3>三行</td>
```

```
            <td>B1</td>
            <td>C1</td>
        </tr>
        <tr>
            <td>B1</td>
            <td>C1</td>
        </tr>
        <tr>
            <td>B2</td>
            <td>C2</td>
        </tr>
    </table>
  </body>
</html>
```

在浏览器中运行效果如图 7-12 所示。

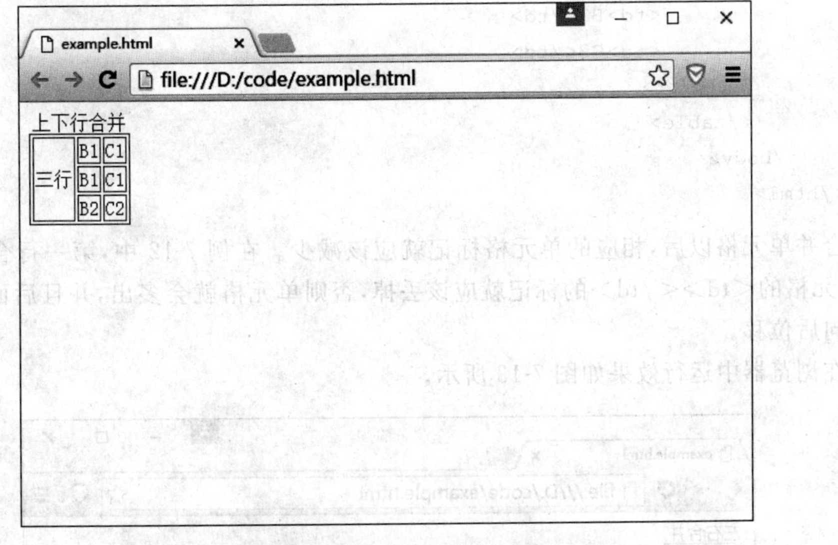

图 7-12 单元格跨行演示效果

其中，rowspan 属性的取值为数值型整数数据，代表几个单元格进行上下合并。在例 7-11 中，rowspan＝3 代表将第一列的三个单元格进行合并。

7.4.2 设置单元格跨列

左右跨列合并需要使用<td>标记的 colspan 属性来完成。

例 7-12 的代码如下。

```
<--例 7-12-->
<!DOCTYPE html>
<html>
    <head>
```

```
        <meta charset="utf-8">
        <title></title>
    </head>
    <body>
        <table border=1>
            <caption>左右合并</caption>
            <tr>
                <td colspan=3>三列</td>
            </tr>
            <tr>
                <td>A2</td>
                <td>B2</td>
                <td>C2</td>
            </tr>
            <tr>
                <td>A3</td>
                <td>B3</td>
                <td>C3</td>
            </tr>
        </table>
    </body>
</html>
```

合并单元格以后，相应的单元格标记就应该减少。在例 7-12 中，第一行合并后，B2，C3 单元格的<td></td>的标记就应该丢掉，否则单元格就会多出，并且后面的单元格依次向后位移。

在浏览器中运行效果如图 7-13 所示。

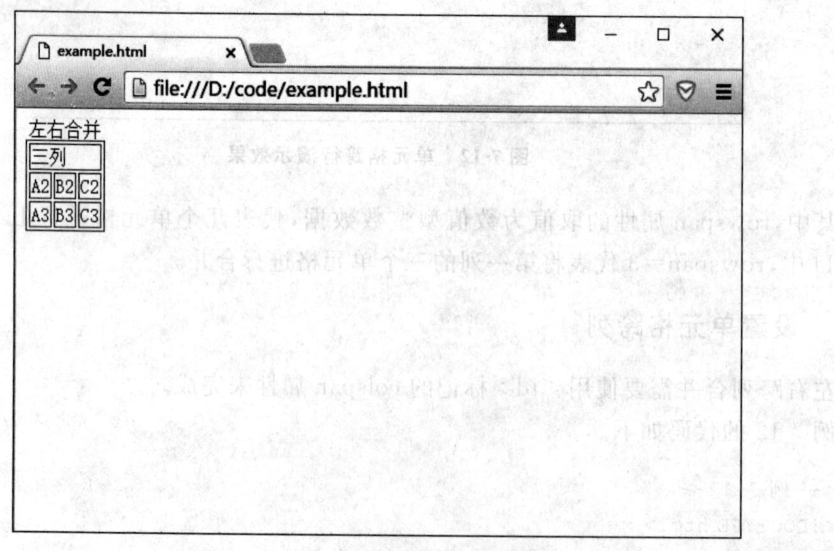

图 7-13　单元格列合并演示效果

7.5 表格嵌套

顾名思义，表格的嵌套就是在一个单元格里面再嵌入一个或多个表格。在实际的开发中，表格布局以及表格的嵌套布局只是页面布局方法的一种，在后续的学习中将接触到更多的布局的技巧。

具体的语法格式如下。

```
<table border=1>
      <tr>
         <td>
            <table border=1>
               ...
            </table>
         </td>
      </tr>
</table>
```

以上代码的可读性不高，所以我们来看一个实例。

例 7-13 的代码如下。

```
<--例 7-13-->
<!DOCTYPE html>
<html>
   <head>
      <meta charset="utf-8">
      <title></title>
   </head>
   <body>

      <table border=1>
         <caption>表格嵌套</caption>
         <tr>
            <td>A1</td>
            <td>B1</td>
            <td>C1</td>
         </tr>
         <tr>
            <td>A2</td>
            <td>B2</td>
            <td>C2</td>
         </tr>
         <tr>
            <td>A3</td>
            <td>B3</td>
```

```
                <td>
                <table border=1>
                        <caption>表格被嵌套</caption>
                        <tr>
                            <td>A1</td>
                            <td>B1</td>
                            <td>C1</td>
                        </tr>
                        <tr>
                            <td>A2</td>
                            <td>C2</td>
                        </tr>
                        <tr>
                            <td>A3</td>
                            <td>B3</td>
                            <td>C3</td>
                        </tr>
                    </table>
                </td>
            </tr>
        </table>
    </body>
</html>
```

在处理分组伸缩的界面功能时，经常会用到表格的嵌套，在处理后台与前台的交互，也会用到表格嵌套。表格的嵌套用途非常广泛，考虑到后期布局的维护，一般不建议使用表格的嵌套。

在浏览器中运行效果如图 7-14 所示。

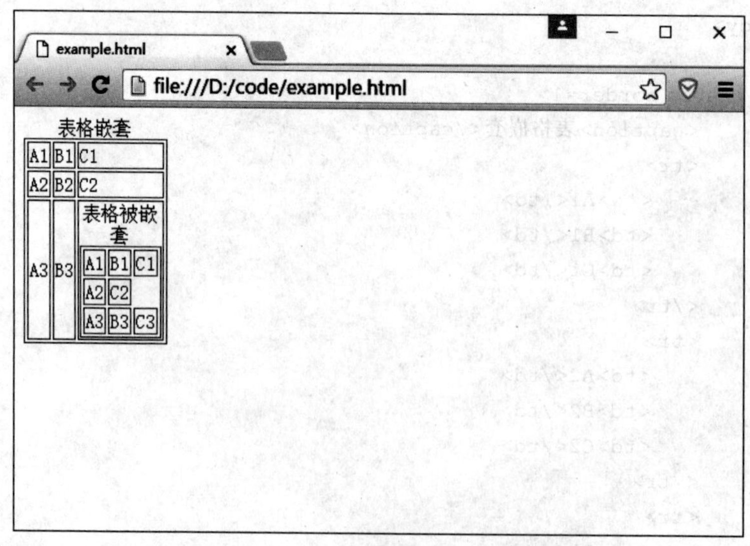

图 7-14　表格嵌套演示效果

7.6　上 机 练 习

本章我们接触了很多关于表格的属性。下面通过一个综合实例来进一步加深对表格的理解，该实例是一个个人信息提交的页面。

例 7-14 的代码如下。

```
<--例 7-14-->
<!DOCTYPE html>
<html>
    <head>
        <title></title>
        <meta charset="utf-8">
    </head>
    <body>
        <table border="3" align="center">
            <caption>个人基本信息</caption>
            <tr>
                <td>姓名</td>
                <td>
                    <input type="text">
                </td>
                <td>民族</td>
                <td>
                    <input type="text">
                </td>
                <td>性别</td>
                <td>
                    <input type="text">
                </td>
            </tr>
            <tr>
                <td>家庭住址</td>
                <td colspan="5"></td>
            </tr>
            <tr>
                <td>手机号码</td>
                <td colspan="2"></td>
                <td>个人邮箱</td>
                <td colspan="2"></td>
            </tr>
            <tr>
                <td>职业</td>
                <td colspan="2"></td>
```

```
                <td>单位名称</td>
                <td colspan="2"></td>
            </tr>
            <tr>
                <td height="100">个人评价</td>
                <td colspan="5"></td>
            </tr>
            <tr>
                <td height="100">个人经历</td>
                <td colspan="5"></td>
            </tr>
        </table>
    </body>
</html>
```

在浏览器中运行效果如图 7-15 所示。

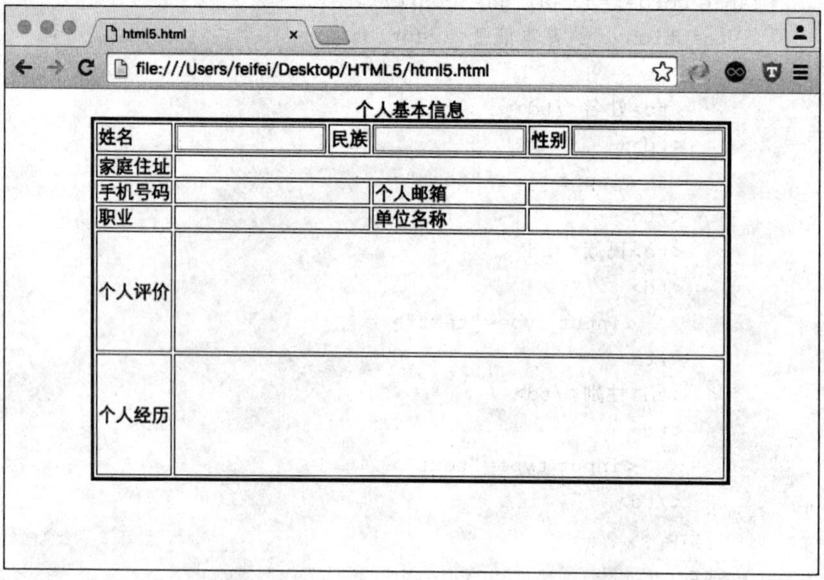

html5.html
file:///Users/feifei/Desktop/HTML5/html5.html

个人基本信息

姓名		民族		性别	
家庭住址					
手机号码			个人邮箱		
职业			单位名称		
个人评价					
个人经历					

图 7-15　综合实例显示效果

本实例主要采用表格布局的方式来进行布局，其中包括单元格的行合并、列合并以及后续要学习的表单的综合。在此需要说明一点，在实际的网页项目中，建立的网页中如果有层层叠叠的嵌套表格，会变得越来越难以维护，每次修改都意味着改动一个或多个表格，因此要注意别破坏整个网页的布局。此外，如果表格使用大量的标记，使用占位图像强行控制表单布局，会占用一定的带宽，在页面下载到浏览器之后处理并显示表格也需要时间。屏幕的阅读器和文本浏览器处理表格的方式通常与处理其他内容的方式不同，这给用户带来过多时间的浪费。

所以在实际的项目中很少使用表格布局，但是，在实际的网站项目中，后台数据展示，用表格就很容易，因为后台的数据经常变化，所以用表格动态展示，还是比较合理的。

第8章 表 单

无论是实现功能还是展示页面中的元素，表单在HTML中都有着不可替代的作用。HTML5中的表单在兼容原有元素的基础上，又增加了许多新的元素类型，如email、url、range等，而且还增加了许多新的方法与属性，如autofocus、placeholder等。另外，HTML5自身的验证机制，为开发人员带来极大的方便，在很大程度上提高了开发的效率。

本章重点

- 熟练掌握input元素的类型
- 掌握input元素的公用属性
- 掌握表单的验证方法和属性

8.1 表单概述

表单用于接收不同类型的用户输入，用户提交表单时向服务器传输数据，从而实现用户与Web服务器的交互。

表单的工作机制如图8-1所示。

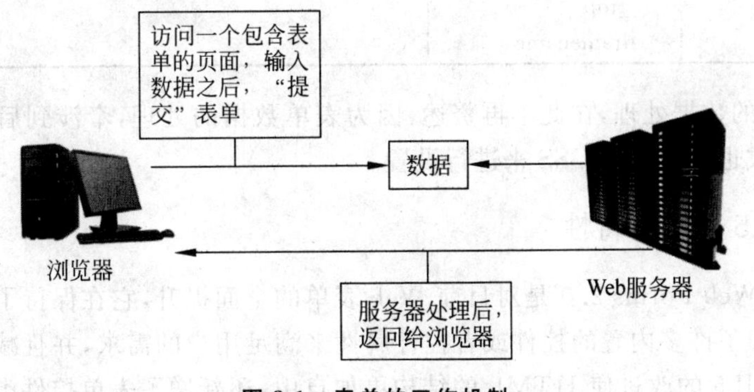

图8-1 表单的工作机制

8.1.1 表单的结构

<form>标签用于为用户输入创建HTML表单。表单能够包含input元素，比如文本字段、复选框、单选框、提交按钮等。表单还可以包含menus、textarea、fieldset、legend

和 label 元素。表单用于向服务器传输数据。

```
<form action="url" method="get|post" enctype="mime">
</form>
```

其中,action="url"指处理提交的格式,它可以是一个 URL 地址或一个电子邮件地址。method="get"或"post"指提交表单的 HTTP 方法。enctype="mime"指用来把表单提交服务器时的互联网媒体形式。

在定义表单的时候,要指定表单控件的类型,具体的类型将在后续的学习中一一介绍。

8.1.2 表单的处理

表单的基本属性如表 8-1 所示。

表 8-1 表单属性解析表

属　性	值	描　述
accept-charset	charset_list	规定服务器可处理的表单数据字符集
action	URL	规定当提交表单时向何处发送表单数据
autocomplete	on/off	规定是否启用表单的自动完成功能
method	get/post	规定用于发送 form-data 的 HTTP 方法
name	form_name	规定表单的名称
novalidate	novalidate	如果使用该属性,则提交表单时进行验证
target	_blank _self _parent _top framename	规定在何处打开 action URL

对于表单的数据处理,在此不再赘述,因为表单数据的处理,牵涉到后台的编程。另外,表单的样式也可以借助 CSS 来进行设置。

8.1.3 HTML5 表单的特性

HTML5 Web Forms 2.0 是对目前 Web 表单的全面提升,它在保持了简便易用的特性的同时,增加了许多内置的控件或者控件属性来满足用户的需求,并且减少了开发人员的编程。HTML5 的改进使 HTML 的结构更加自由,还新增了表单控件类型等。

比较高效的控件类型有如下一些。

- email/url 类型

```
<input type="email" name="email"></input>
<input type="url" name="url"></input>
```

必须输入正确的 email/url 地址,表单才能正常提交。

- search

```
<input type="search" search="s"></input>
```

此类型表示输入的将是一个搜索关键字，通过 results="s"可显示一个搜索小图标。

- number/range

```
<input type="number" name="points" min="5" step="5" max="100" />
    <input type="range" name="points" min="5" step="5" max="100" />
```

不同的数字输入模式。

- color

```
<input type="color"></input>
```

此类型可让用户通过颜色选择器来选择一个颜色值，并反馈到 value 中。

- date/month/week/time/datetime 日期选择器

```
<input type="date" name="user_date" />
```

新增的表单属性有如下一些。

- placeholder

```
<input type="text" placeholder="请输入用户名"></input>
```

- require/pattern

```
<input type="text" name="require" required=""></input>
<input type="text" name="require1" required="required"></input>
<input type="text" name="require2" pattern="^[1-9]\d{5}$"></input>
```

- autofocus

```
<input type="text" autofocus="true"></input>
```

当前页面加载时自动获取焦点。

- list

```
<input type="text" list="ilist"/>
<datalist id="ilist">
<option label="a" value="a"></option>
<option label="b" value="b"></option>
<option label="c" value="c"></option>
</datalist>
```

list 属性规定输入域的 datalist。datalist 是输入域的选项列表。

- multiple 规定输入域中可选择多个值

```
<input type="file" name="img" multiple="multiple" />
```

- XML Submission 编码格式

我们一般常见的 Web Form 的编码格式是 application/x-www-form-urlencoded。开发人员都很清楚这种格式，数据送到服务器端，可以方便地存取。HTML5 提供一种新的数据格式：XML Submission，即 application/x-www-form+xml。简单地说，服务器端将直接接收到 XML 形式的表单。

8.2 表单类型

8.2.1 创建文本框

文本框是一种让访问者自己输入的表单对象，通常用来填写单个字或者简短的回答，例如用户姓名和地址等。其代码的格式如下：

```
<input type="text" name="name" size="value" maxlength="value" value="value">
```

其中 type=text 定义单行文本输入框，name 属性定义文本框的名称，要保证数据的准确采集，必须定义一个独一无二的名称；size 属性定义文本框的宽度，单位是单个字符宽度，maxlength 属性定义最多输入的字符数，value 属性定义文本框的初始值。

例 8-1 的代码如下。

```
<--例 8-1-->
<!DOCTYPE html>
<html>
    <head>
        <meta charset="utf-8">
        <title></title>
    </head>
    <body>
        <form>
            姓名：
            <input type="text" name="name" size="20" maxlength="15">
            <br>
                地址：
                <input type="text" name="address" size="20" maxlength="30">
        </form>
    </body>
</html>
```

在浏览器中运行效果如图 8-2 所示。

8.2.2 创建密码框

密码输入框是一种特殊的输入框，它涉及用户信息的安全性，所以输入的内容不能以明文显示，应该显示为黑点或者其他的符号。

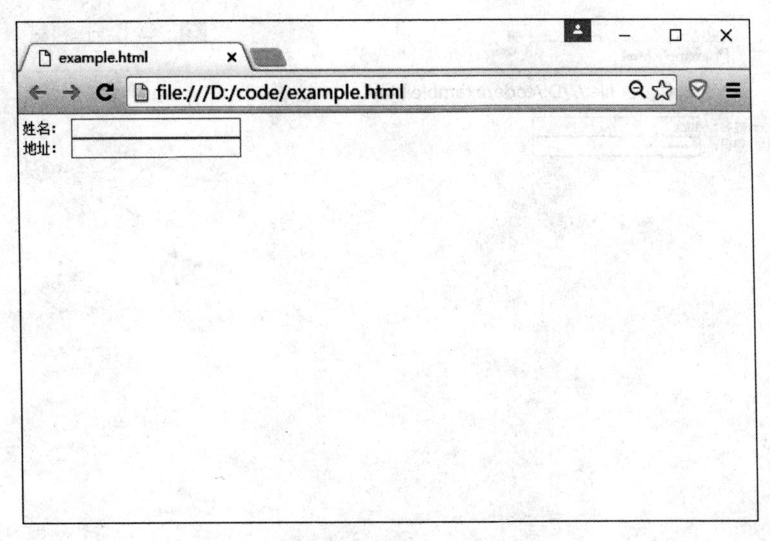

图 8-2　文本框演示效果

代码的格式如下。

```
<input type="password" name="name" size="value" maxlength="value">
```

其中 type=password 定义单行文本输入框，name 属性定义密码框的名称，要保证数据的准确采集，必须确保唯一性；size 属性定义密码框的宽度，单位是单个字符宽度；maxlength 属性定义最多输入的字符数。

例 8-2 的代码如下。

```
<--例 8-2-->
<!DOCTYPE html>
<html>
    <head>
        <meta charset="utf-8">
        <title></title>
    </head>
    <body>
        <form>
            姓名:
            <input type="text" name="name" size="20" maxlength="15">
            <br>
            密码:
            <input type="password" name="address" size="20" maxlength="30">
        </form>
    </body>
</html>
```

在浏览器中运行效果如图 8-3 所示。

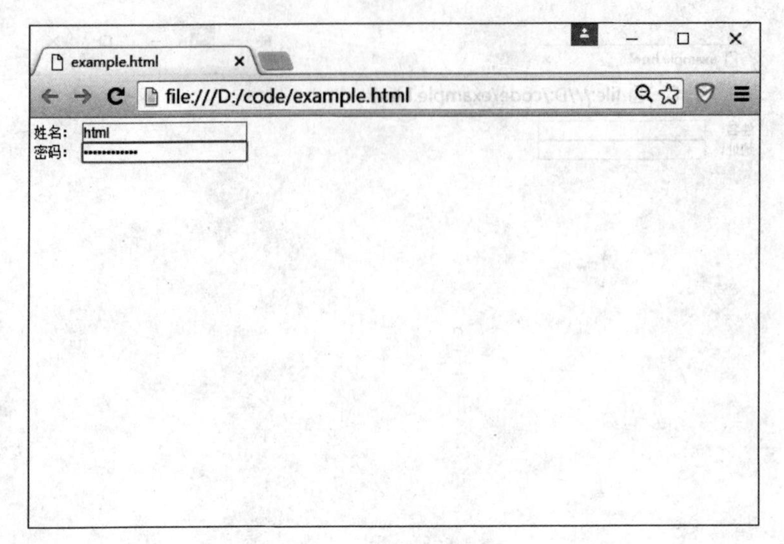

图 8-3　密码框演示效果

8.2.3　创建单选按钮

单选按钮主要是让用户在一组选项中只能选择一个。代码格式如下。

```
<input type="radio" name="name" value="">
```

其中 type=radio 定义单选按钮，name 属性定义单选按钮的名称，要保证数据的准确采集，在同一组的单选按钮必须用同一个名称；value 属性定义单选按钮的值，在同一组中它们的值域必须是不同的。

例 8-3 的代码如下。

```
<--例 8-3-->
<!DOCTYPE html>
<html>
    <head>
        <meta charset="utf-8">
        <title></title>
    </head>
    <body>
        <form>
            <input type="radio" name="jop" value="jop1">软件工程师<br>
            <input type="radio" name="jop" value="jop2">测试工程师<br>
            <input type="radio" name="jop" value="jop3">UI 工程师<br>
            <input type="radio" name="jop" value="jop4">网络工程师<br>
        </form>
    </body>
</html>
```

在浏览器中运行效果如图 8-4 所示。

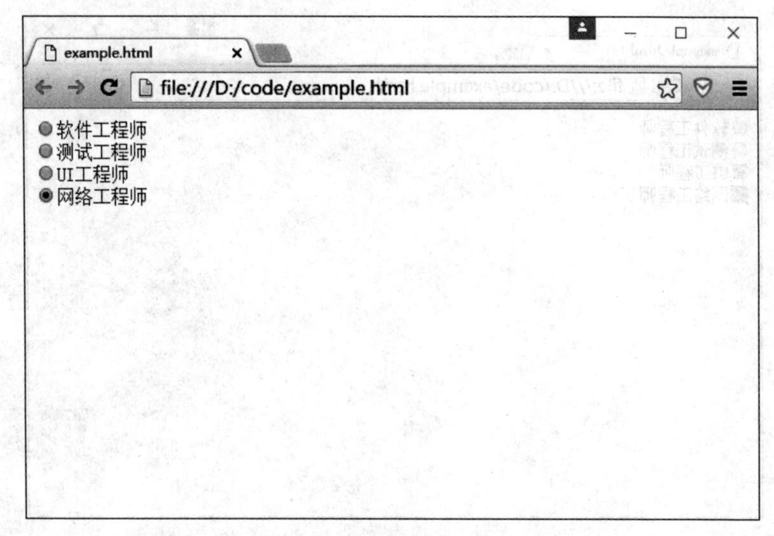

图 8-4 单选按钮演示效果

8.2.4 创建复选框

复选框就是让用户在一组选项中可以选择多个选项,每个复选框都是独立的元素。格式代码如下。

```
<input type="checkbox" name="value" value="">
```

其中 type="checkbox"是定义一个复选框,在同一组中复选框的名字必须相同,value 定义复选框的值。

例 8-4 的代码如下。

```
<--例 8-4-->
<!DOCTYPE html>
<html>
    <head>
        <meta charset="utf-8">
        <title></title>
    </head>
    <body>
        <form>
            <input type="checkbox" name="jop" value="jop1">软件工程师<br>
            <input type="checkbox" name="jop" value="jop2">测试工程师<br>
            <input type="checkbox" name="jop" value="jop3">UI 工程师<br>
            <input type="checkbox" name="jop" value="jop4">网络工程师<br>
        </form>
    </body>
</html>
```

在浏览器中运行效果如图 8-5 所示。

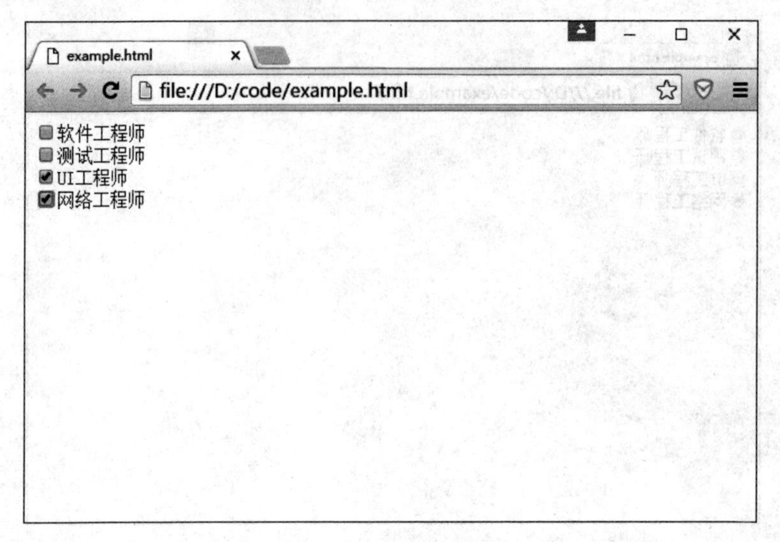

图 8-5 复选框演示效果

8.2.5 创建提交按钮和重置按钮

在用户填写完信息后,需要提交给服务器,当用户因为意外原因要重置自己所填的项时,就需要重置按钮和提交按钮。代码格式如下。

```
<input type="submit|reset" name="" value="">
```

在 type="submit|reset"如果 type 的值是 submit,则定义的是提交按钮;如果值是 reset,则定义的是重置按钮,其中 name 属性定义提交按钮的名称;value 定义的是按钮的显示文字。提交按钮会把表单内容提交到 action 所指向的文件,而重置按钮则把用户所填的内容清空。

例 8-5 的代码如下。

```
<--例 8-5-->
<!DOCTYPE html>
<html>
    <head>
        <meta charset="utf-8">
        <title></title>
    </head>
    <body>
        <form>
            <h4>请选择你的职业:</h4>
                <input type="checkbox" name="jop" value="jop1">软件工程师<br>
                <input type="checkbox" name="jop" value="jop2">测试工程师<br>
                <input type="checkbox" name="jop" value="jop3">UI 工程师<br>
```

```
            <input type="checkbox" name="jop" value="jop4">网络工程师<br>
            <input type="reset" name="reset" value="重置">
            <input type="submit" name="submit" value="提交">
        </form>
    </body>
</html>
```

在浏览器中运行效果如图 8-6 所示。

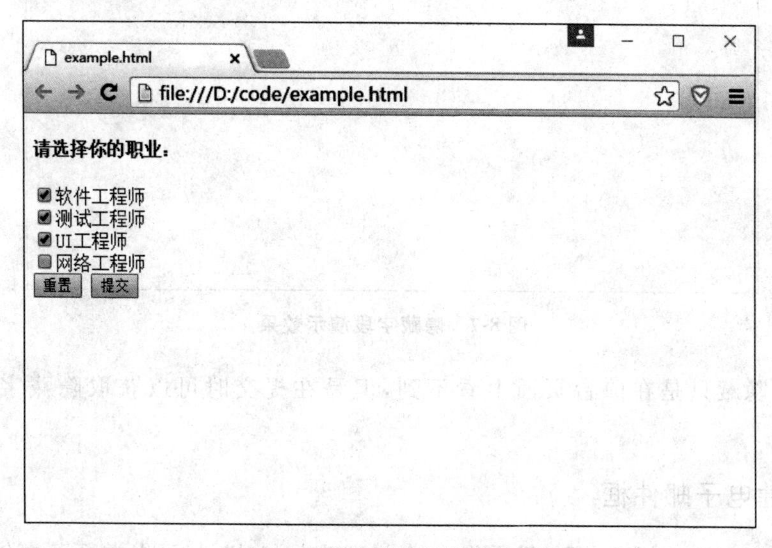

图 8-6 重置和提交按钮演示效果

8.2.6 创建隐藏字段

根据需求可以创建一个隐藏字段，其代码格式如下。

```
<input type="hidden" name="" value="">
```

例 8-6 的代码如下。

```
<--例 8-6-->
<!DOCTYPE html>
<html>
    <head>
        <meta charset="utf-8">
        <title></title>
    </head>
    <body>
        <form>
            <h4>隐藏字段</h4>
                <input type="hidden">
        </form>
    </body>
</html>
```

在浏览器中运行效果如图 8-7 所示。

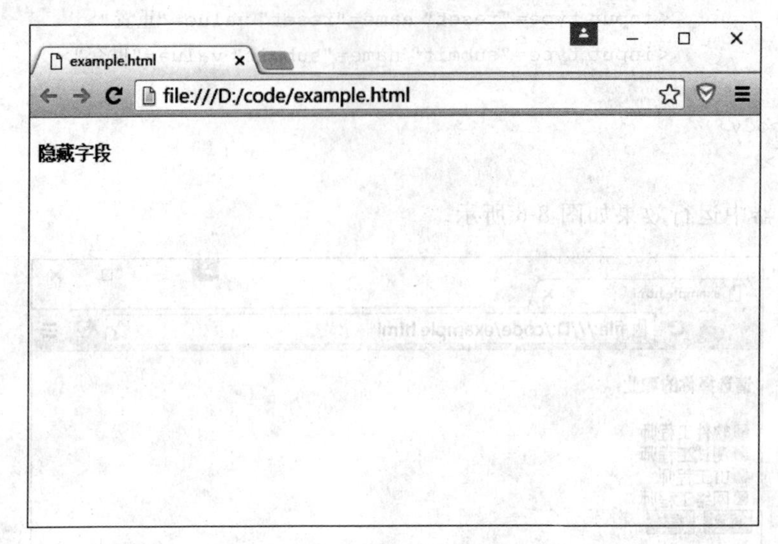

图 8-7 隐藏字段演示效果

所谓的隐藏只是在前台页面上看不到,但是在提交时可以获取隐藏字段里面的数据。

8.2.7 创建电子邮件框

这是 HTML5 的新增类型,只需将 type 设置为“email”,就可以在页面中创建一个专门用于输入邮件地址的文本输入框,该文本框和其他的输入框在页面显示时没有区别,专门用于接受 E-mail 地址信息。因此,当提交表单时,将会自动检测文本框中的内容是否符合 E-mail 邮件地址格式。

```
<input type="email" name="" value="">
```

type="email"设置为电子邮件类型,name 设置输入框的名字,value 是输入框的值。

我们可以看得出,这样极大地减少了编程人员的工作量。如果填写的格式不符合电子邮件的格式,那么在单击“提交”按钮时会报错。

例 8-7 的代码如下。

```
<--例 8-7-->
<!DOCTYPE html>
<html>
    <head>
        <meta charset="utf-8">
        <title></title>
    </head>
    <body>
        <form>
            <input type="email" name="email">
```

```
            <input type="submit">
        </form>
    </body>
</html>
```

在浏览器中运行效果如图 8-8 所示。

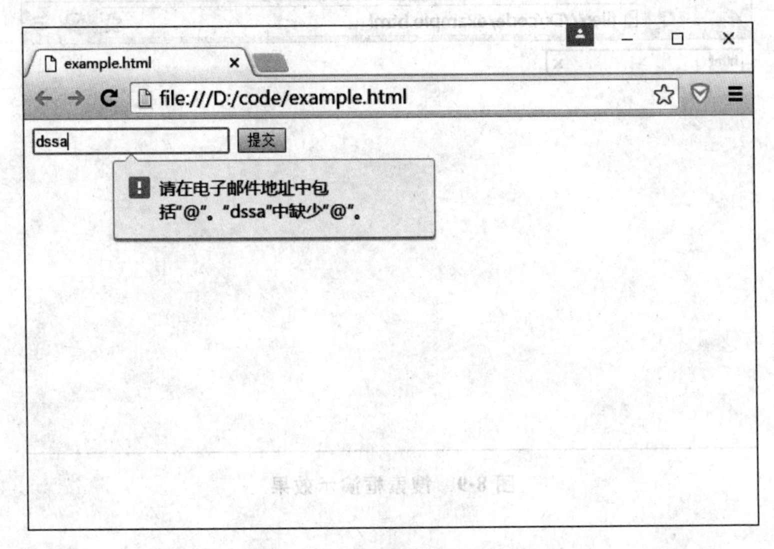

图 8-8 电子邮件框演示效果

8.2.8 搜索框

搜索框经常用于关键字的查询，该类型的输入框与文本类型的输入框在功能上没有太大的区别，都是用于接收用户输入的查询关键字，但在页面展示时，却有细微的区别。当开始在输入框填写内容时，输入框的右侧，将会出现一个"×"，单击该图标，将清空在输入框中的内容，使用十分方便。格式代码如下。

```
<input type="search" name="" value="">
```

例 8-8 的代码如下。

```
<--例 8-8-->
<!DOCTYPE html>
<html>
    <head>
        <meta charset="utf-8">
        <title></title>
    </head>
    <body>
        <form>
            <input type="search" name="email">
        </form>
```

```
    </body>
</html>
```

在浏览器中运行效果如图 8-9 所示。

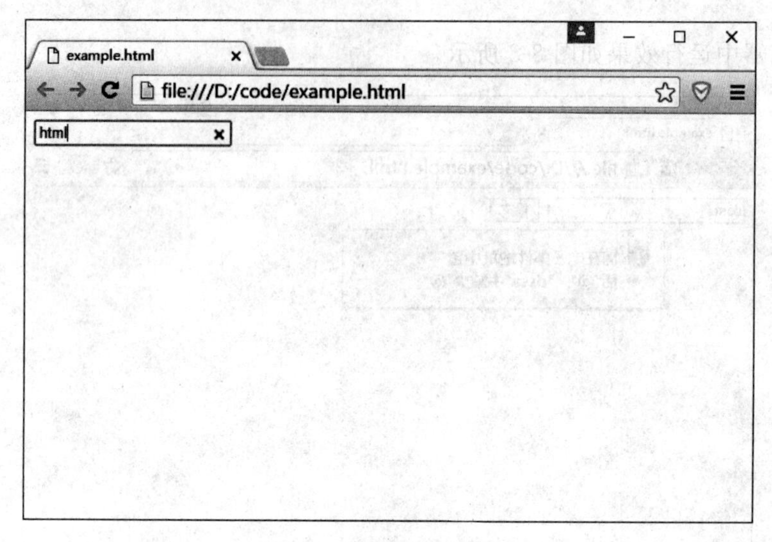

图 8-9 搜索框演示效果

8.2.9 电话框

用户经常会遇到输入电话的情景，电话框很好地实现了这种功能。这个效果在手机浏览器效果会明显，当我们输入时，输入键盘会自动切换到全数字的模式。

```
<input type="tel" name="">
```

例 8-9 的代码如下。

```
<!--例 8-9-->
<!DOCTYPE html>
<html>
    <head>
        <meta charset="utf-8">
        <title></title>
    </head>
    <body>
        <h4>电话号码:</h4>
            <form>
                <input type="tel" name="file"><br>
                <input type="submit">
            </form>
    </body>
</html>
```

在浏览器中运行效果如图 8-10 所示。

图 8-10 电话框演示效果

8.2.10 网址框

网址类型的输入框主要用于用户 Web 站点地址。Web 地址的格式与普通文本有些区别，为了确保网址类型的输入框能够正确提交符合格式的内容，表单在提交前会对其内容格式的有效性进行自动验证，如果不符合对应的格式，则会出现相应的错误提示信息。代码格式如下。

```
<input type="url" name="" value="">
```

例 8-10 的代码如下。

```
<--例 8-10-->
<!DOCTYPE html>
<html>
    <head>
        <meta charset="utf-8">
        <title></title>
    </head>
    <body>
        <form>
            <input type="url" name="email">
            <input type="submit">
        </form>
    </body>
</html>
```

在浏览器中运行效果如图 8-11 所示。

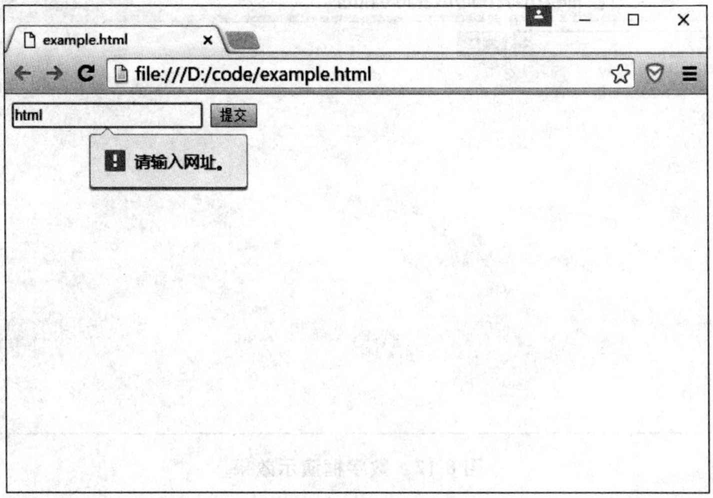

图 8-11 网址框演示效果

8.2.11 数字框

在 HTML5 之前要确定输入一个指定范围的数字,需要在提交之前进行复杂的代码检测,而 HTML5 中,只需要创建一个数字输入框即可。格式代码如下。

```
<input type="number" name="" value="">
```

其中 type="number"设置数字类型输入框,name 表示输入框的名字,value 表示输入框的值。

例 8-11 的代码如下。

```
<--例 8-11-->
<!DOCTYPE html>
<html>
   <head>
      <meta charset="utf-8">
      <title></title>
   </head>
   <body>
      <form>
         <input type="number" name="email">
         <input type="submit">
      </form>
   </body>
</html>
```

在浏览器中运行效果如图 8-12 所示。

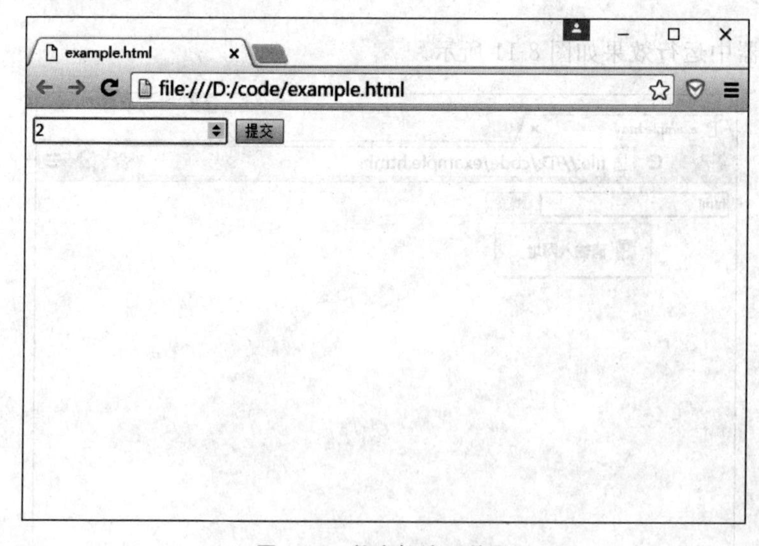

图 8-12 数字框演示效果

在图 8-12 中出现了一个微调控件,当设定了最大值和最小值,所微调的范围也就限定了。在数字输入框中用户不能输入其他的非数字的字符，并且当输入的数字大于设定的最大值或者小于设定的最小值，都将出现数字输入出错的提示信息。

8.2.12 日历框

在 HTML4 之前的版本中没有专门用于显示日期的文本输入框，如果要实现这种输入框，需要大量的 JavaScript 代码或者导入相应的插件，实现过程较为复杂。日历框的代码格式如下。

```
<input type="date" name="" value="">
```

type="date"设置输入框是日期类型，name 表示输入框的名字，value 表示输入框的值。

例 8-12 的代码如下。

```
<--例 8-12-->
<!DOCTYPE html>
<html>
    <head>
        <meta charset="utf-8">
        <title></title>
    </head>
    <body>
        <form>
            <input type="date" name="email">
            <input type="submit">
        </form>
    </body>
</html>
```

在浏览器中运行效果如图 8-13 所示。

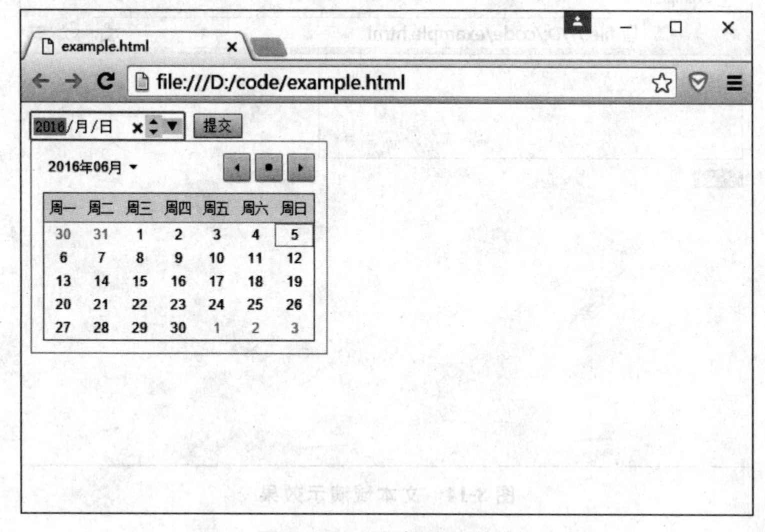

图 8-13 日历框演示效果

8.3 创建文本区域

文本域主要用于输入较长的文本信息。代码格式如下。

```
<textarea name="" cols="" rows="" wrap=""></textarea>
```

其中 name 属性定义文本域的名称，要保证数据的准确采集，必须定义一个独一无二的名称；cols 属性定义多行文本域的宽度，单位是单个字符宽度；rows 属性定义多行文本框的高度，单位是单个字符的宽度。wrap 属性定义输入内容大于文本域时显示的方式。

例 8-13 的代码如下。

```
<--例 8-13-->
<!DOCTYPE html>
<html>
    <head>
        <meta charset="utf-8">
        <title></title>
    </head>
    <body>
        <form>
            <textarea name="text" cols="50" rows="5"></textarea><br>
            <input type="submit">
        </form>
    </body>
</html>
```

在浏览器中运行效果如图 8-14 所示。

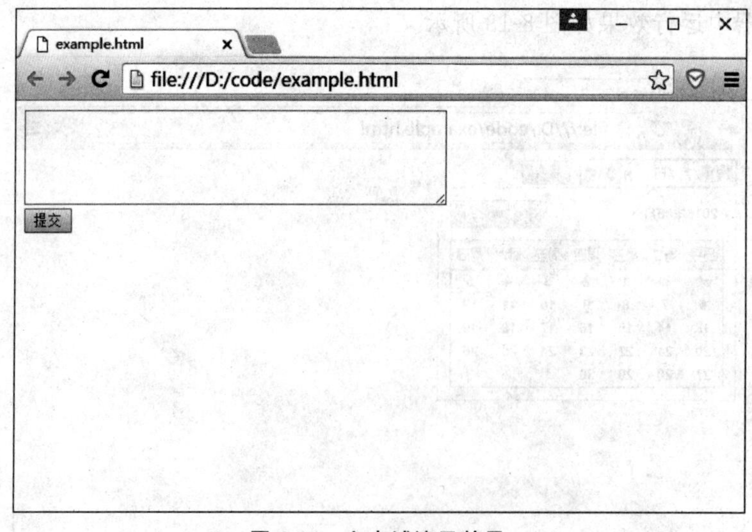

图 8-14 文本域演示效果

8.4　创建选择框

列表框主要用于在有限空间内设置多个选项。列表框既可以用作单选,也可以用作复选。代码格式如下。

```
<select name="" size="" muitiple>
<option value="" selected>
   …value…
</option>
</select>
```

其中 name 是多选框的名字,size 是个数,在<option>标签中,每个<option >的 value 是唯一的,selected 表明当前是默认选中的。

例 8-14 的代码如下。

```
<--例 8-14-->
<!DOCTYPE html>
<html>
    <head>
        <meta charset="utf-8">
        <title></title>
    </head>
    <body>
        <form>
            <select name="slt" size="4" muitiple>
                <option value="1" selected>哲学
                <option value="2">心理学
                <option value="3">佛学
                <option value="4">法学
            </select>

        </form>
    </body>
</html>
```

在浏览器中运行效果如图 8-15 所示。

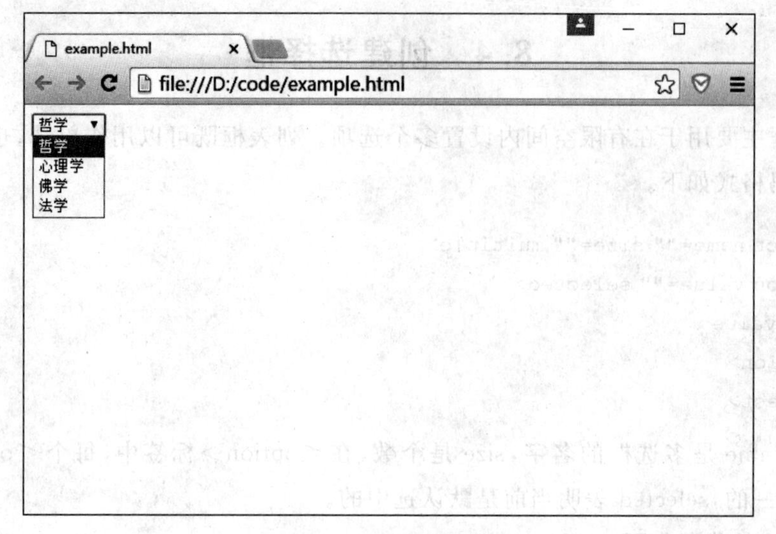

图 8-15 选择框演示效果

8.5 让访问者上传文件

在浏览网页的过程中经常遇到上传文件的情况，即是将自己的文件上传到远端服务器，上传文件的第一步，先去浏览选择文件。代码格式如下。

```
<input type="file" name="">
```

type 定义了 file 类型，name 表示控件的名称。

例 8-15 的代码如下。

```
<--例 8-15-->
<!DOCTYPE html>
<html>
    <head>
        <meta charset="utf-8">
        <title></title>
    </head>
    <body>
        <form>
            <input type="file" name="file"><br>
            <input type="submit">
        </form>
    </body>
</html>
```

在浏览器中运行效果如图 8-16 所示。

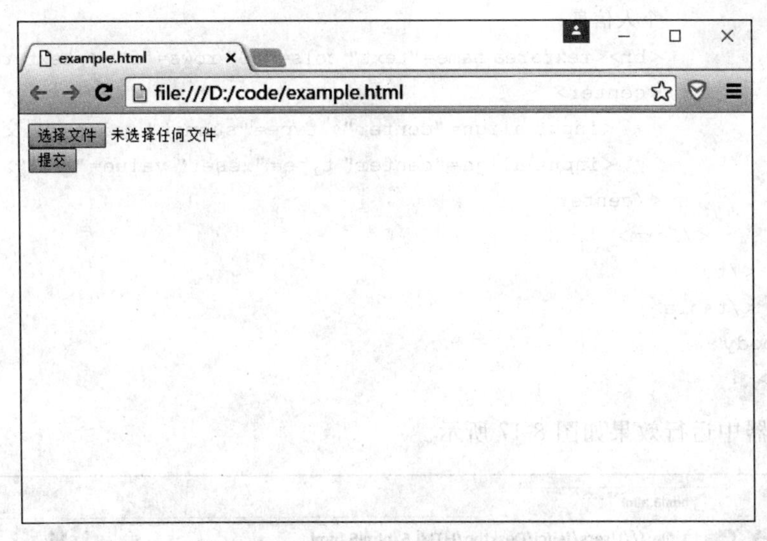

图 8-16　上传文件演示效果

8.6　上机练习

市面上的浏览器一般都支持 HTML5，例如 Firefox、Chrome、Safari、IE、360。虽然都支持，但是所支持的情况不一样，Chrome 比较好一点。下面我们一起完成一个简单的个人信息注册界面。

例 8-16 的代码如下。

```
<--例 8-16-->
<!DOCTYPE html>
<html>
   <head>
       <title></title>
       <meta charset="utf-8">
   </head>
   <body>
       <table align="center" border="1">
       <caption>信息注册</caption>
       <td>
           <form>
               姓名:<input type="text" name="user_name">
               性别:<select>
                       <option value="1">男
                       <option value="2">女
                   </select><br>
               邮箱:<input type="email" name="user_email"><br>
               电话号码:<input type="tel" name="user_phone"><br>
```

```
            个人信息：
            <br><textarea name="text" cols="50" rows="5"></textarea><br>
            <center>
                <input align="center"  type="submit" value="提交">
                <input align="center" type="reset" value="重置">
            </center>
        </form>
    </td>
    </table>
  </body>
</html>
```

在浏览器中运行效果如图 8-17 所示。

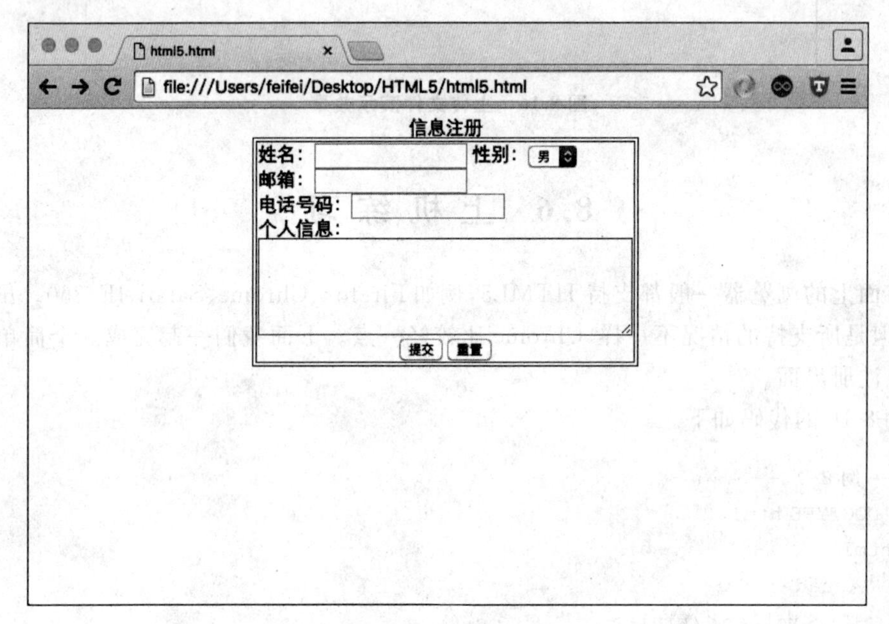

图 8-17　综合实例演示效果

8.7　本章小结

本章主要讲述了表单的类型及其使用方法。表单是一个十分重要的页面元素。本章先从输入框开始，由浅入深地介绍了表单中各种新增加元素与属性的使用方法。希望读者在以后的学习过程中加深对表单的理解与运用。

第9章 CSS3基础

学习本章的目的是了解 CSS3 的发展历史，掌握它的基本语法，并对媒体查询、选择器、伪类与伪元素、网页字体、文本排版、图像处理、动画、布局等一些常用知识做到融会贯通。

本章重点

- 掌握选择器的使用
- 掌握样式表的定义和使用
- 了解 CSS3 中盒子模型的概念

9.1 CSS

自从 CSS 诞生以来，为 Web 的发展做了巨大的贡献。使用 CSS 设置 Web 样式，可以使页面格式代码单独存放，不仅提高了代码的利用率，还提高了页面的可维护性。

9.1.1 CSS 简介

CSS 是 Cascading Style Sheets 的缩写，中文译为层叠样式表，是对 Web 页面显示效果进行控制的一套标准。存放 CSS 样式表内容的文件扩展名为“.css”。

9.1.2 从 CSS 到 CSS3

CSS3 是 CSS 技术的升级版本，CSS3 语言开发是朝着模块化发展的。

1994 年哈坤 · 利提出了 CSS 建议，与当时正在设计浏览器的波特 · 波斯一起设计了 CSS，1995 年他与波斯一起提出这个建议时，刚成立的 W3C 组织对 CSS 的发展很感兴趣，便专门组织了一次讨论会，哈坤、波斯等人是主要的技术负责人。1996 年年底初稿完成，CSS1 于 1996 年 12 月正式推出。

1997 年，针对 CSS 中没有涉及到的一些问题进行了修整，并于 1998 年 5 月正式推出 CSS2。

2004 年推出的 CSS2.1 则是在 CSS2 的基础上稍微做了一些调整。

CSS3 标准早于 1999 年开始制定，并于 2001 年初提上 W3C 研究议程，2011 年 6 月发布了第一个 CSS3 建议版本。

9.1.3 CSS3 新特性

总体来说，CSS3 主要拥有以下几个新亮点：高级选择器，圆角，多背景，@font-face

动画与渐变,渐变色,Box阴影,RGBA-加入透明色,文字阴影,图形化边界。如果能够充分发挥CSS3的新属性,就能够解决之前CSS版本所不能解决的一些问题,上升到一个新台阶。

9.2 样式表的定义与使用

CSS样式表的最大优势就是运用灵活。它可以像属性一样直接在页面中设置,也支持在独立的文件中编写,在HTML中引入。

CSS有三种定义样式的方式:定义内联样式表、定义内部样式表和链接外部样式表。下面对这三种样式进行详细的介绍。

9.2.1 定义内联样式表

内联样式规则只影响单个元素。当标签需要用到某个样式时,可以使用内联样式。这里以<p>标签为例,例如:

```
<p style="color: red; font-size:20px">                //设置字体颜色为红色,字号为20
    This is CSS.
</p>
```

9.2.2 定义内部样式表

内部样式表一般写在<head></head>中,用一个开始标签<style>和一个结束标签</style>括起来。例9-1设置当前页面的字体样式为"宋体"。

```
<!--例9-1-->
<!DOCTYPE html>
<html>
    <head>
    <title>网页标题</title>
    <style>
        body {
            font-family:"宋体";  //设置字体样式为"宋体"
        }
    </style>
    </head>
    <body>
    </body>
</html>
```

一般情况下,当特别需要属于自己的样式时,就可以写成内部样式。内部样式也不一定必须写在<head></head>中,可以在页面的任何位置,但由于代码读取时是从上到下,为了防止网速慢的时候加载不出页面样式,最好放在<head>标签中先读取。并且使用内部样式的目的是因为它包含了关于页面某个元素的样式信息,放在页面的前面方便

自己和他人阅读代码。所以,为了统一,最好是放在<head></head>中。

9.2.3 链接外部样式表

CSS最方便之处就是可以内部使用,也可以放在外部文件中。将CSS样式的代码放在后缀名为“.css”的文件中,在HTML页面中引入该样式表的文件。假如要指定body中字体的样式。首先建立一个外部的CSS文件如下。

```
body {
    font-family:"宋体";
}
```

然后使用link元素将此文件引入到HTML中,引入部分的代码如下。

```
<link rel="stylesheet" type="text/css" href="index.css" />
```

注意:页面中的CSS优先级高于外连接。内部样式表只对所在网页有效。因为内联样式表将HTML和CSS混在了一起,所以应当最后考虑使用这种方式。

9.3 定义选择器

选择器是CSS的核心,使用它可以提高开发和修改样式表的效率。选择器大体划分为两种类别。第一种类别包含了类型选择器、类选择器、选择元素的一部分和ID选择器,这些统称为DOM选择器;第二种类别包含伪选择器。

通过使用选择器,不再需要在编辑样式时使用多余的或者没有任何语义的class属性,而是直接将样式与元素绑定起来,从而节省在网站或Web应用程序完成之后又要修改样式所花费的大量时间。如:

```
div[id="div_left"] { background:blue; }
```

另外,可以在指定样式的时候使用通配符,如“^”(开头字符匹配)、“$”(结尾字符匹配)和“*”(包含字符匹配)。例如,指定id结尾字母为“s”的p标签的字体为“楷体”。

```
div[id$="s"] { font-family:"楷体"}
```

9.3.1 按照类型选择元素

类型选择器就是CSS定义中的类型选择器封装了标签类型这个选择条件。标签类型是指HTML的标签名称。定义类型选择器不需要任何前缀符,直接定义标签类型就能完成选择条件的定义。类型选择器让开发人员能够以标签类型为单位来设置相同的显示样式。

例9-2示范了如何在网页中使用类型选择器。

```
<!--例 9-2-->
<!DOCTYPE html>
```

```
<html lang="en">
    <head>
    <meta charset="UTF-8">
        <title>使用 Type 选择器</title>
    </head>
    <style type="text/css">
        p{
            font-size:20px;
            color: #f02345;
        }
        a{
            color:red;
        }
    </style>
    <body>
        <p>This is Type Class</p>
        <a href="www.baidu.con">百度一下,你就知道</a>
    </body>
</html>
```

运行结果如图 9-1 所示。

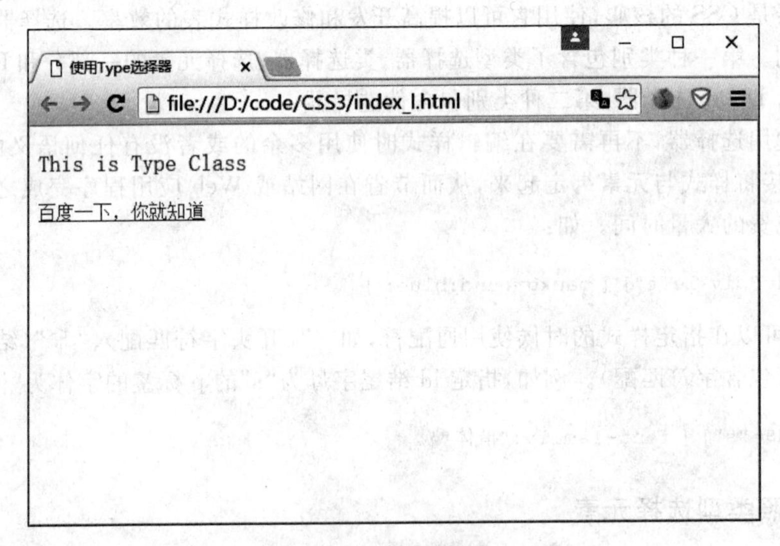

图 9-1　类型选择器

9.3.2　按照类选择元素

类选择器以标签样式类型作为选择条件。标签样式类型就是 class 属性，不同的标签能够设置相同的 class 属性。定义类选择器需要有“.”这个前缀符，在“.”之后加入标签的 class 属性就完成了选择条件的定义。

例 9-3 示范了如何在网页中使用类选择器。

```
<!--例 9-3-->
<!DOCTYPE html>
<html lang="en">
    <head>
        <meta charset="UTF-8">
        <title>使用 Class 选择器</title>
    </head>
    <style type="text/css">
        .class_show{
            color:#ff0045;
            width:100px;
            height:50px;
            border:1px solid blue;
        }
    </style>
    <body>
        <p class="class_show">This is CSS</p>
        <div class="class_show">
            This is CSS!
        </div>
    </body>
</html>
```

运行效果如图 9-2 所示。

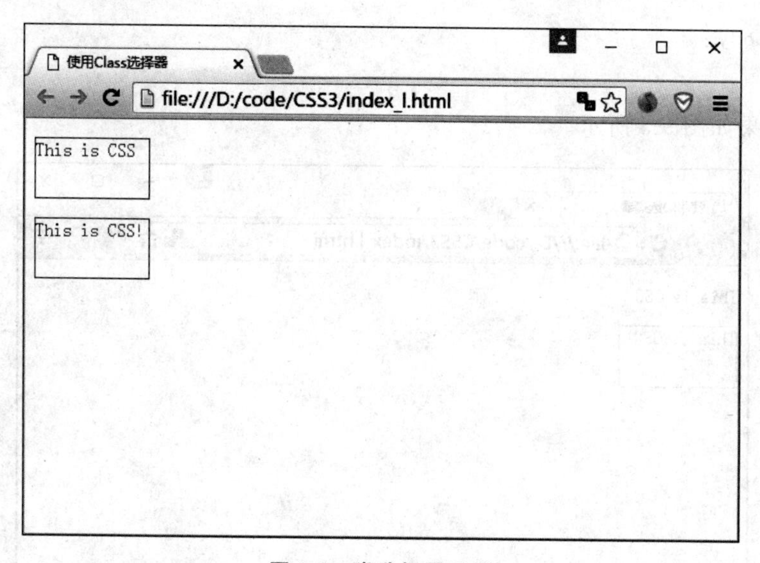

图 9-2　类选择器示例

9.3.3　按照 ID 选择元素

ID 选择器类似于类选择器，但也有一些差别。ID 选择器允许以一种独立于文档元素的方式来指定样式，但都是针对特定属性的属性值配置的。在 CSS 样式中定义 ID 选择器时，需要有“#”这个前缀符，在“#”后面加入标签的 ID 属性，然后完成选择条件的定义。

例 9-4 示范了如何在网页中使用 ID 选择器。

```
<!--例 9-4-->
<!DOCTYPE html>
<html lang="en">
    <head>
        <meta charset="UTF-8">
        <title>使用 ID 选择器</title>
    </head>
    <style type="text/css">
        #id_show{
            color:#ff0045;
            width:100px;
            height:50px;
            border:1px solid blue;
        }
    </style>
    <body>
        <p>This is CSS</p>
        <div id="id_show">
            <p>This is CSS!</p>
        </div>
    </body>
</html>
```

运行效果如图 9-3 所示。

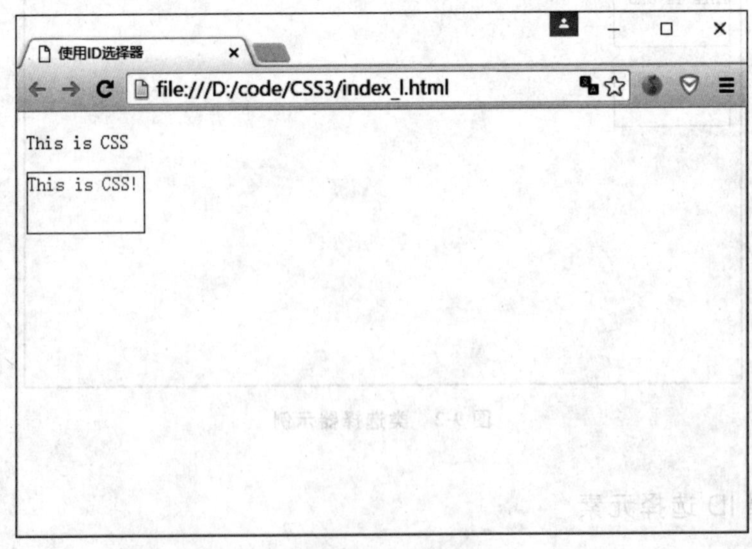

图 9-3　ID 选择器

9.3.4 选择元素的一部分

在对某个或某些元素进行特殊效果的设置时，为了不影响其他元素，可以单独选择这些元素，就产生了子元素选择器和多重选择器。

(1) 子元素选择器只能选择作为子元素的元素，即选择元素的一部分作为选择器。子选择器用符号“>”表示，它允许定位某个元素的第一级子元素。

例如，如果只选择 H1 元素的子元素 strong，可以这样写：

```
h1>strong {color:red;}
```

还可以不加符号“>”，例如：

```
h1 strong {color:red;}
```

(2) 多重选择器可以有多层，这样做的优点在于避免过多的 id、class 属性设置，直接对所需的元素进行定义。

```
#menu ul li a { display:block; padding: 0 8px; height: 26px; line-height: 26px;
float:left;}
#menu ul li a:hover { background:#333; color:#fff;}
```

注意：加上大于号就表示必须是“直接子元素”，不加的话就是子元素。

这个规则会把下面第一个 h1 的两个 strong 元素变为红色，但是第二个 h1 中的 strong 不受影响：

```
<h1>This is <strong>very</strong><strong>very</strong>important.</h1>
<h1>This is <em>really <strong>very</strong></em>important.</h1>
```

(3) 通过选择部分元素，还可以实现多个元素或标签设置为同一个样式。多个元素或标签中间用逗号“,”隔开。例如：

```
.div1,.div2,.div3{color:#f00;}                //这里表示的是三个 div 的颜色为红色
p,h1{color:#f00;}                             //p 标签和 h1 标题颜色为红色
```

9.3.5 伪类选择器

伪类选择器与类选择器的区别是，类选择器可以重命名，而伪类选择器是 CSS 中已经定义好的选择器，不可以重命名。CSS 中最常用的伪类选择器是使用在<a>元素上的集中选择器。例如：

```
a:link{
    color:#000;
    text-decoration:none;
}
a:visited{
    color:#ff1001;
```

```
        text-decoration:none;
    }
    a:hover{
        color:#ff1001;
        text-decoration:underline;
    }
    a:active{
        color:#ff1001;
        text-decoration:underline;
    }
```

伪元素选择器并不是针对真正的元素而使用的选择器，而是针对CSS中已经定义好的伪元素使用的选择器。使用方法如下所示：

```
选择器:伪元素{ 属性:值 }
```

伪元素选择器可以与类配合使用，使用方法如下：

```
选择器 .类名:伪元素 { 属性:值 }
```

CSS中主要有四个伪元素选择器，分别是first-line、first-letter、before和after。

1. first-line伪元素选择器

first-line伪元素选择器用于向某个元素中的第一行文字使用样式。在例9-5中，<p>元素中有两行文字，使用first-line伪元素选择器将第一行设置为红色。

```
<!--例 9-5-->
<!DOCTYPE html>
<html lang="en">
    <head>
        <meta charset="UTF-8">
        <title>first-line 伪元素选择器</title>
        <style type="text/css">
            p:first-line{color:red}
        </style>
    </head>
    <body>
        <p>第一行:first-line 伪元素选择器设置样式<br>第二行:没有设置样式</p>
    </body>
</html>
```

运行效果如图9-4所示。

2. first-letter伪元素选择器

first-letter伪元素选择器用于向某个元素中的文字的首字母或第一个字使用样式，如例9-6所示。

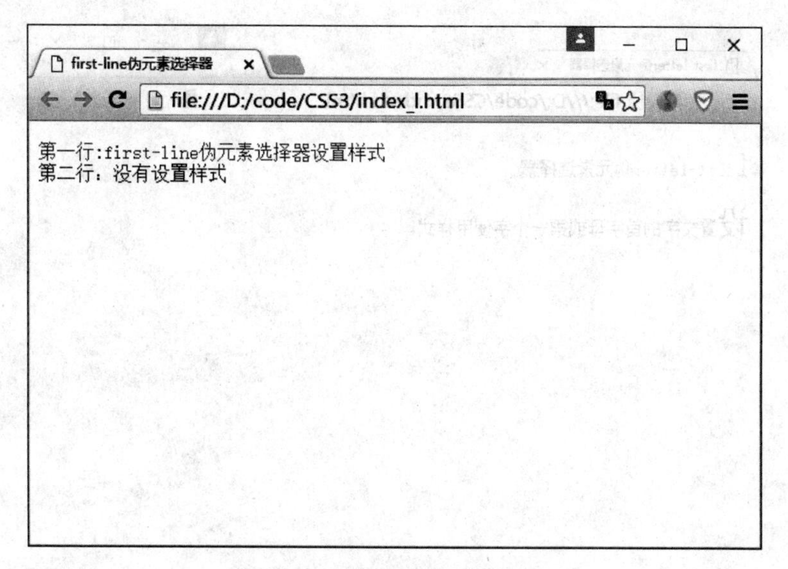

图 9-4 first-line 伪元素选择器

```
<!--例 9-6-->
<!DOCTYPE html>
<html lang="en">
    <head>
        <meta charset="UTF-8">
        <title>first-letter 伪元素选择器</title>
        <style type="text/css">
            p:first-letter{font-size:30px;}
        </style>
    </head>
    <body>
        <p>first-letter 伪元素选择器</p>
        <p>设置文字的首字母或第一个字使用样式。</p>
    </body>
</html>
```

运行效果如图 9-5 所示。

3. before 伪元素选择器

before 伪元素选择器用于在某个元素之前插入一些内容。使用方法如下：

```
<!--可以插入文字 -->
<元素>:before
{
content:插入文字
}
<!--可以插入其他内容 -->
<元素>:before
```

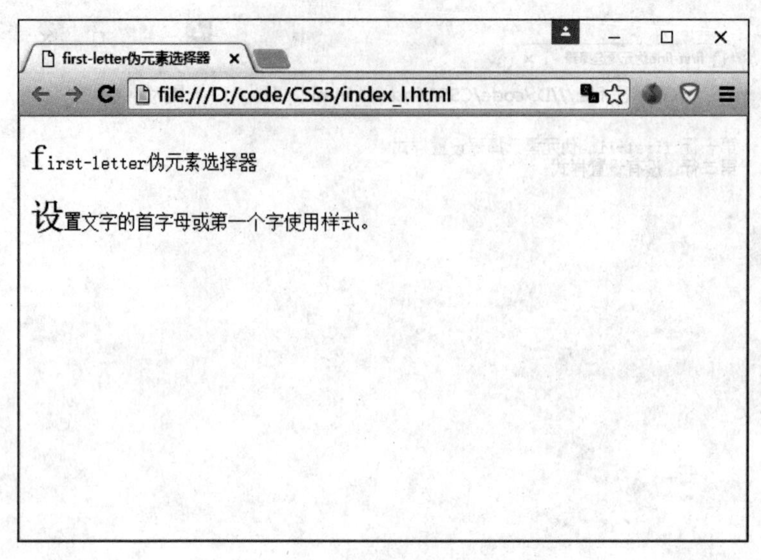

图 9-5 first-letter 伪元素选择器

```
{
    content:url(test.wav)
}
```

如例 9-7 所示，在每个列表项目前的文字开头插入“・・・・・・・”字符。

```
<!--例 9-7-->
<!DOCTYPE html>
<html lang="en">
    <head>
        <meta charset="UTF-8">
        <title>before 伪元素选择器</title>
        <style type="text/css">
            li:before{
                content:"・・・・・・・"
            }
        </style>
    </head>
    <body>
        <ul>
            <li>示例 1</li>
            <li>示例 2</li>
        </ul>
    </body>
</html>
```

运行效果如图 9-6 所示。

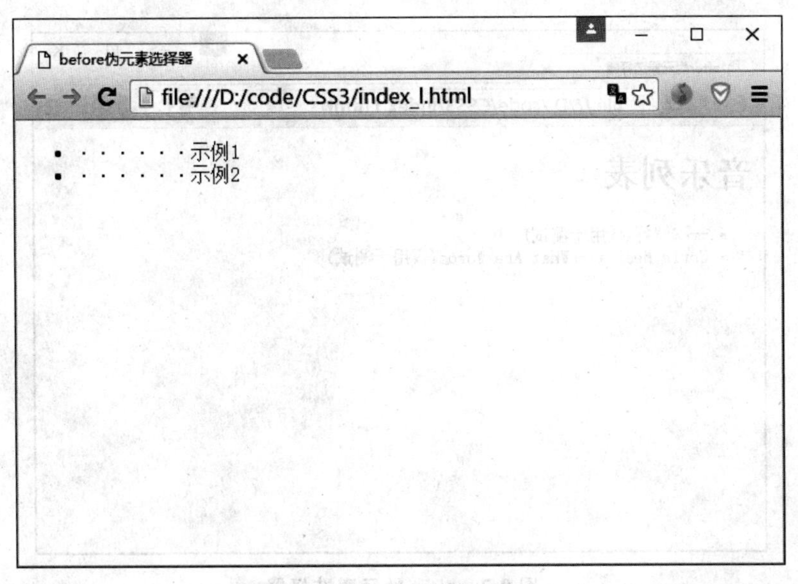

图 9-6 before 伪元素选择器

4. after 伪元素选择器

after 伪元素选择器用于在某个元素之后插入一些内容。如例 9-8 所示,在每个列表项目结尾处插入"(这里仅用于测试)"的文字。

```
<!--例 9-8-->
<!DOCTYPE html>
<html lang="en">
    <head>
        <meta charset="UTF-8">
        <title>after 伪元素选择器</title>
        <style type="text/css">
            li:after{
                content:"(仅用于测试)";
            }
        </style>
    </head>
    <body>
        <h1>音乐列表</h1>
        <ul>
            <li><a href="music.mp3"></a>一次就好</li>
            <li><a href="music.mp3"></a>Chris Medina -What Are Words</li>
        </ul>
    </body>
</html>
```

运行效果如图 9-7 所示。

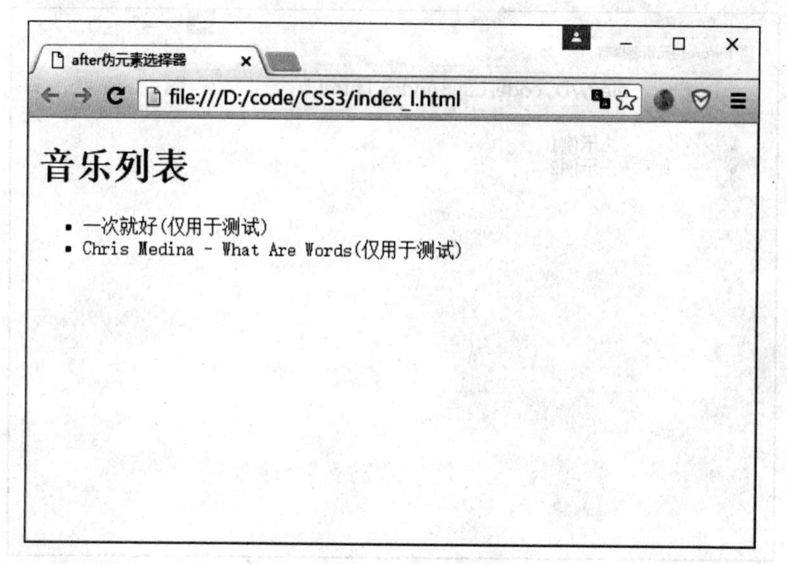

图 9-7 after 伪元素选择器

9.4 文本与排版样式的使用

CSS3 在文本模块中引入一系列新的特性，扩展了它对字体排版的工具集。

9.4.1 长度、百分比单位

1. 绝对长度单位

(1) 像素(px)。像素或许被认为是最好的“设备像素”，而这种像素长度与在显示器上看到的文字屏幕像素无关。像素实际上是一个按角度度量的单位。

在 Web 上，像素仍然是典型的度量单位，很多其他长度单位直接映射成像素，最终，它们被按照像素处理，JavaScript 语言中的单位就是像素。

(2) 英寸(in)。英寸是一个物理度量单位，但是在 CSS 领域，英寸直接映射成了像素。目前，应用到英寸的示例还很少。

(3) 厘米(cm)。对于大多数的人来说，厘米是比较熟悉的物理度量单位。它也映射成了像素。

(4) 毫米(mm)。毫米是一种小数量级的物理度量单位。

2. 相对字体的长度

(1) em 是一个相对单位。起初的排版度量是基于当前字体大写字母“M”的尺寸的。当改变 font-family 的大小时，它的尺寸不会发生改变，但在改变 font-size 的大小时，它的尺寸就会发生变化。

(2) rem 和 em 一样，也是一个相对单位，但是与 em 不同的是，rem 总是相对于根元素(如 root{}),而不像 em 使用级联的方式来计算尺寸。这种相对单位使用起来更简单。

(3) 点(point)。point 是一个物理度量单位,1pt=1/72 in。在 CSS 之外 point 是最常用的尺寸类型。在打印样式表和物理媒介中,point 是最有意义的,当然也可以用在屏幕媒介上使用。值得注意的是,对于不同的浏览器,在屏幕呈现 point 的时候,会有很大的不同。

(4) 派卡(pica)。pica 和 point 一样,只不过 1pc=12pt。

(5) ex 是一个基于当前字体 x 字母高度度量的。ex 度量有时根据字体自身的信息,有时由浏览器通过一个小写字形来度量,一般情况是设置成 0.5em。它之所以被命名为"x"的高度,是因为是基于 x 字母的高度的。要理解 x-height,想象一个小写字母,比如"d",它会有一部分翘起,x-height 是不包括翘起的这一部分的,它的高度是这个字母最下面的那一部分。与 em 不同,当改变 font-family 时 em 不会改变,而 ex 单位会变化,因为一个单位的值和那个字体是特殊的约束关系。

(6) ch 的内涵和 x 高度相似,只是 ch 是基于数字 0 的宽度而不是基于字符 x 的高度。当 font-family 改变的时候 ch 也会随着改变。

提示: 在没有任何 CSS 规则的前提下,长度关系是:1em==16px==0.17in==12pt==1pc==4.2mm==0.42cm。

3. 百分比

以百分比为单位的长度值是基于具有相同属性的父元素的长度值。例如,如果一个元素呈现的宽度是 450px,子元素的宽度设为 50%,那么子元素呈现的宽度为 225px。

提示: 像素和百分比是比较常用的长度单位。

9.4.2 文本样式属性

本节针对 CSS3 中与文字、字体相关的一些属性做了详细介绍,其中包括 text-shadow 属性、word-break 属性、word-wrap 属性、WebFont 与 font-face 属性以及 font-size-adjust 等属性。

1. text-shadow 属性

text-shadow 属性为文字添加阴影。此属性是在 CSS2 中定义的,然而在 CSS2.1 中由于缺乏实现被去掉了。但是在 CSS3 规范中又被恢复了,并且到目前为止,Safari 浏览器、Firefox、Chrome 以及 opera 浏览器都支持该属性。

text-shadow 属性的使用方法如下:

```
text-shadow: length length length color
```

前面三个 length 分别指阴影离开文字的横方向距离(称为 X 偏离)、阴影离开文字的纵方向距离(称为 Y 偏离)和阴影的模糊半径,color 是指阴影的颜色。默认情况下,阴影的颜色是从其父元素中继承而来的(通常是黑色),阴影的模糊半径是 0。

通过给文字添加阴影使文字显得更加清晰，或者在让文字与背景图像重叠时，通过添加阴影让文字凸显出来，更加容易分辨，在例 9-9 中展示了其效果。

```
<!--例 9-9-->
<!DOCTYPE html>
<html lang="en">
    <head>
        <meta charset="UTF-8">
        <title>给文字添加阴影</title>
    </head>
    <style type="text/css">
        div{
            text-shadow:5px 5px 5px gray;
            color:blue;
            font-size:50px;
            font-weight:bold;
            font-family:"宋体";
        }
    </style>
    <body>
        <div>text-shadow</div>
    </body>
</html>
```

从上述代码中可以看到，设置文字的属性还有：

（1）font-size 设置字体大小。

（2）font-weight 设置字体是否加粗，如表 9-1 所示。

表 9-1　字体属性值及其含义

值	含　义
normal	默认值。定义标准的字符
bold	定义粗体字符
bolder	定义更粗的字符
lighter	定义更细的字符
inherit	规定应该从父元素继承字体的粗细
100～700	定义由粗到细的字符，400 等于 normal，而 700 等同于 bold

（3）font-family 设置字体样式。

运行效果如图 9-8 所示。

也可以指定多个阴影，并且针对每个阴影使用不同的颜色。指定多个阴影时，用逗号将多个阴影进行分隔。在例 9-10 中为文字指定了不同颜色的阴影，并且为这些阴影指定

图 9-8 text-shadow 实现阴影效果

了适当的位置。

```
<!--例 9-10-->
<!DOCTYPE html>
<html lang="en">
    <head>
        <meta charset="UTF-8">
        <title>给文字添加阴影</title>
    </head>
    <style type="text/css">
        div{
            text-shadow:10px 10px orange,
            40px 35px yellow,
            70px 60px #c0fe00;
            color: navy;
            font-size: 50px;
            font-weight: bold;
            font-family: "宋体";
        }
    </style>
    <body>
        <div>Hello World!</div>
    </body>
</html>
```

运行效果如图 9-9 所示。

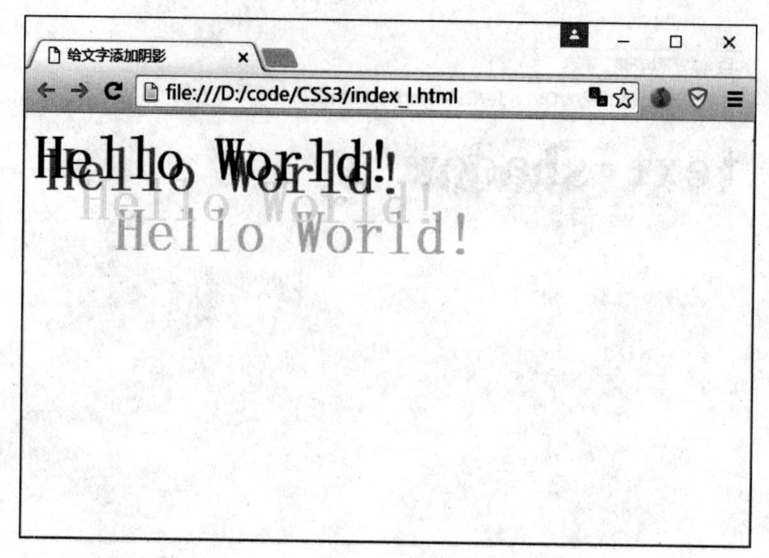

图 9-9　text-shadow 实现多重阴影效果

2. word-wrap 属性

word-wrap 属性是设置文本的控制换行。当文字在指定区域显示一整行文字时，如果一行显示不完，就需要换行。如果不换行，就会超出指定的区域范围。在 CSS3 中，word-wrap 属性允许对文本强制换行，即允许对长单词进行拆分，并换行到下一行。word-wrap 语法格式如下。

```
word-wrap: normal | break-word
```

normal 是控制连续文本换行，指定文本行只能在两个单词之间折断。

break-word 将在边界内换行，如果需要，词内换行也会发生。允许单词在需要防止溢出父元素的时候折断，如例 9-11 所示。

```
<!--例 9-11-->
<!DOCTYPE html>
<html lang="en">
    <head>
        <meta charset="UTF-8">
        <title>长的单词或者 URL 强制换行</title>
    </head>
    <style type="text/css">
        .break{
            width:100px;
            height:300px;
            word-wrap:break-word;
            border:1px solid red;
        }
    </style>
```

```
    <body>
        <div>Hello World!</div>
        <div class="break">
            The word - wrap property is set up the text
            control linePneumonoultramicrpscopicsilicovolcanoconi
        </div>
    </body>
</html>
```

运行效果如图 9-10 所示。

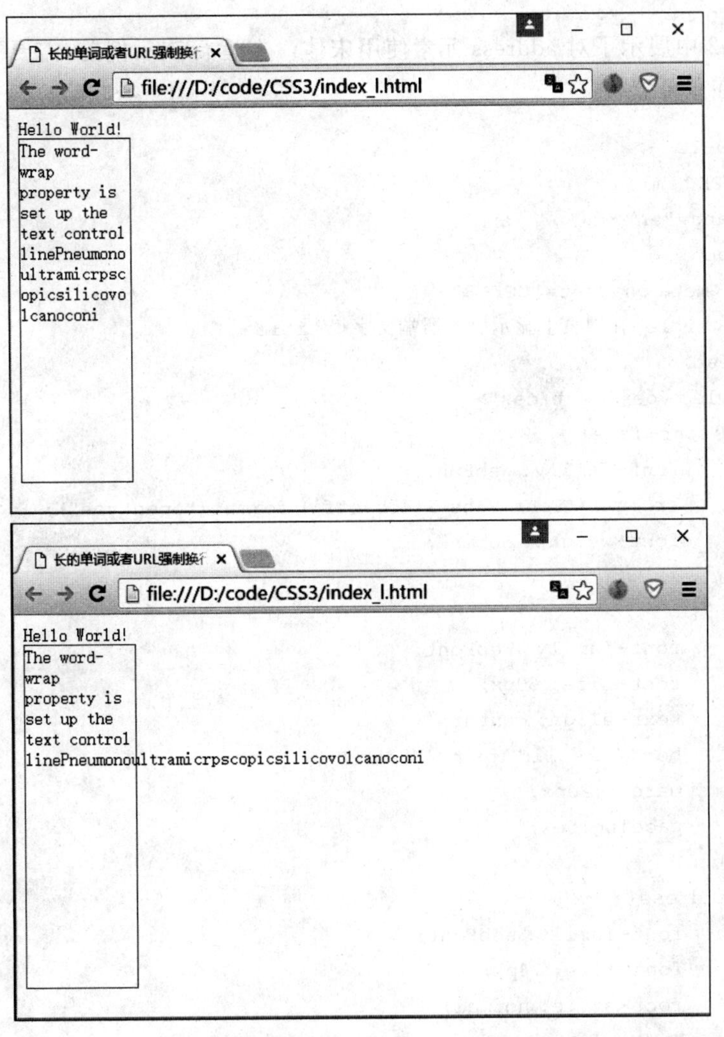

图 9-10 应用了 break-word 属性的文本(上)与没有应用的效果(下)

3. WebFont 与 font-face 属性

在 CSS3 之前,如果在样式表中指定的字体不能正常显示时将使用替代字体,但是如果这个替代字体在客户端中没有安装时,使用这个字体的文字就不能正常显示。在 CSS3

中新增了 WebFont 功能，使用这个功能后，网页可以使用安装在服务器端的字体，只要服务器安装了这种字体，网页就能够正常显示。

在网页上显示服务器端的字体，可以使用@font-face 属性来设置利用服务器端的字体。@font-face 属性的使用方法如下：

```
@font-face{
    font-family : WebFont;
    src : url('font/Fontin_Sans_R_45b.otf ') format(" opentype" );
    font-weight : normal;
}
```

在例 9-12 中展示了对 address 元素使用宋体。在运行该示例前，需要下载这种字体文件并安装在服务器端。

```
<!--例 9-12-->
<!DOCTYPE html>
<html lang="en">
    <head>
        <meta charset="UTF-8">
        <title>在网页上显示服务器端文字</title>
    </head>
    <style type="text/css">
        @font-face{
            font-family: WebFont;
            src:url('Font_Sans_R_45b.otf') format("opentype");
            font-weight: normal;
        }
        h1{
            font-family: WebFont;
            font-size: 60px;
            text-align: center;
            border: solid 1px #4488aa;
            margin:20px;
            padding:5px;
        }
        address{
            font-family: WebFont;
            font-size: 14px;
            font-style: normal;
            text-align: center;
            margin:20px;
            padding:5px;
        }
    </style>
    <body>
```

```
        <h1>@font-face Style show</h1>
        <address>
            此页面用于链接
            <a href="http://www.josbuivenga.demon.nl/fontinsans.html">
                大学生社团管理系统 三月软件
            </a>
        </address>
    </body>
</html>
```

运行效果如图 9-11 所示。

图 9-11 显示服务器端的字体

4. font-size-adjust 属性

如果改变了字体的类型，页面中使用该字体的文字大小也有可能发生变化，导致已经设定好的页面布局混乱。使用 font-size-adjust 属性可以保持文字大小在不发生变化的情况下改变字体的类型。

(1) 字体不同导致文字大小不同。设置每个 div 元素的字体为 15 个像素，字体样式不一致，则页面上展示的文字大小也不一致，如例 9-13 所示。

```
<!--例 9-13-->
<!DOCTYPE html>
<html lang="en">
    <head>
        <meta charset="UTF-8">
        <title>字体不同导致文字大小不同</title>
    </head>
    <style type="text/css">
        #font_show{
```

```
            font-family:"宋体";
            font-size:15px;
        }
        #font_show1{
            font-family:"楷体";
            font-size:15px;
        }
        #font_show2{
            font-family:Tahoma;
            font-size:15px;
        }
    </style>
    <body>
        <div id="font_show">
            This is CSS!
        </div>
        <div id="font_show1">
            This is CSS!
        </div>
        <div id="font_show2">
            This is CSS!
        </div>
    </body>
</html>
```

运行效果如图 9-12 所示。

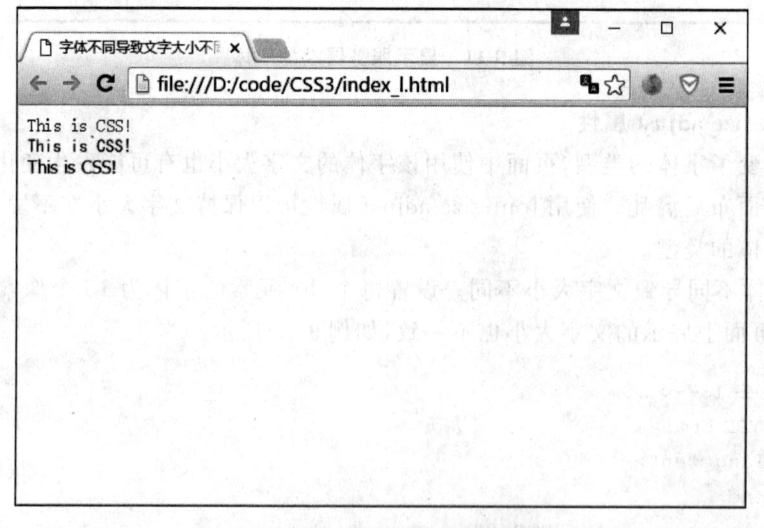

图 9-12　字体不同导致大小不同效果

(2) font-size-adjust 属性的使用方法。font-size-adjust 属性的使用方法很简单，需要使用每个字体种类自带的一个 aspect 值(比例值)。font-size-adjust 属性的使用方法如下

所示，其中0.46为Times New Roman字体的aspect值。

```
div{
    font-size: 16px;
    font-family: Times New Roman;
    font-size-adjust: 0.46;
}
```

aspect值可以用来在将字体修改为其他字体时保持字体大小的基本不变。表9-2所示为一些常用的西方字体的aspect值。

表9-2 常用的西方字体的参照值

字体种类	aspect值	字体种类	aspect值
Verdana	0.58	Times News Roman	0.46
Comic Sans MS	0.54	Gill Sans	0.46
Trebuchet MS	0.53	Bernhard Modern	0.4
Myriad Web	0.48	Fjemish Script	0.28
Georgia	0.5	Caflish Script Web	0.37

(3) 浏览器对于aspect值的计算方法。font-size-adjust属性中指定aspect值并将字体修改为其他字体后，浏览器对于修改后的字体尺寸的计算公式如下。

```
c=(a/b)s
```

其中，a表示实际使用的字体的aspect值，b表示修改前字体的aspect值，s表示指定的字体尺寸，c为浏览器实际显示时的字体尺寸。

font-size-adjust属性的使用如例9-14所示。

```
<!--例9-14-->
<!DOCTYPE html>
<html lang="en">
    <head>
        <meta charset="UTF-8">
        <title>字体不同导致文字大小不同</title>
    </head>
    <style type="text/css">
        #font_show{
            font-family:"宋体";
            font-size:25px;
        }
        #font_show1{
            font-family:"楷体";
            font-size:25px;
        }
```

```
        #font_show2{
            font-family:Tahoma;
            font-size:25px;
        }
    </style>
    <body>
        <div id="font_show">
            This is CSS!
        </div>
        <div id="font_show1">
            This is CSS!
        </div>
        <div id="font_show2">
            This is CSS!
        </div>
    </body>
</html>
```

运行效果如图 9-13 所示。

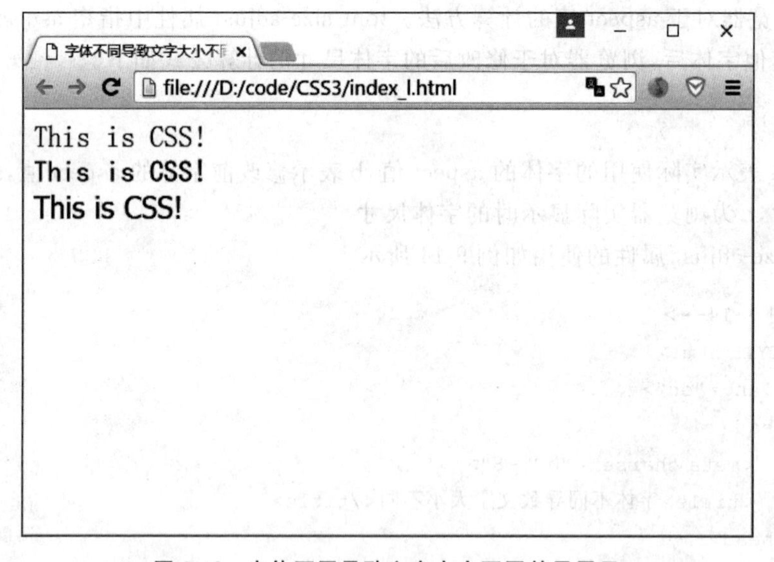

图 9-13 字体不同导致文字大小不同效果展示

5. text-outline 和 text-stroke 属性

文本模块提供了一种更好的控制轮廓方式，即 text-outline 属性。这个属性可以为如下三个值。

```
#T_o{
text-outline: width blur-radius color;
}
```

下面的代码使用蓝色为文本提供了4px的模糊半径：

```
h1{
    text-outline: 2px 4px blue;
}
```

text-stroke共有四个属性值：两个控制描边本身的外观，一个是前面两个简写的属性，还有一个是控制描边文本的填充属性。这几个属性的语法如下所示。

```
#T_o{
    -webkit-text-fill-color: color;
    -webkit-text-stroke-color: color;
    -webkit-text-stroke-width: length;
    -webkit-text-stroke: stroke-width stroke-color;
}
```

text-fill-color属性看起来有点多余。但如果不指定它，描边的元素将使用color的指定值。text-stroke是text-stroke-width和text-stroke-color的简写属性。

例9-15是text-stroke语法的演示例子。

```
<!--例 9-15-->
<!DOCTYPE html>
<html lang="en">
    <head>
        <meta charset="UTF-8">
        <title>让文本变得更清晰</title>
    </head>
    <style type="text/css">
        h1{
            color:#555;
            -webkit-text-fill-color:white;
            -webkit-text-stroke-color:#555;
            -webkit-text-stroke-width:3px;
        }
    </style>
    <body>
        <h1>text-stroke</h1>
    </body>
</html>
```

运行效果如图9-14所示。

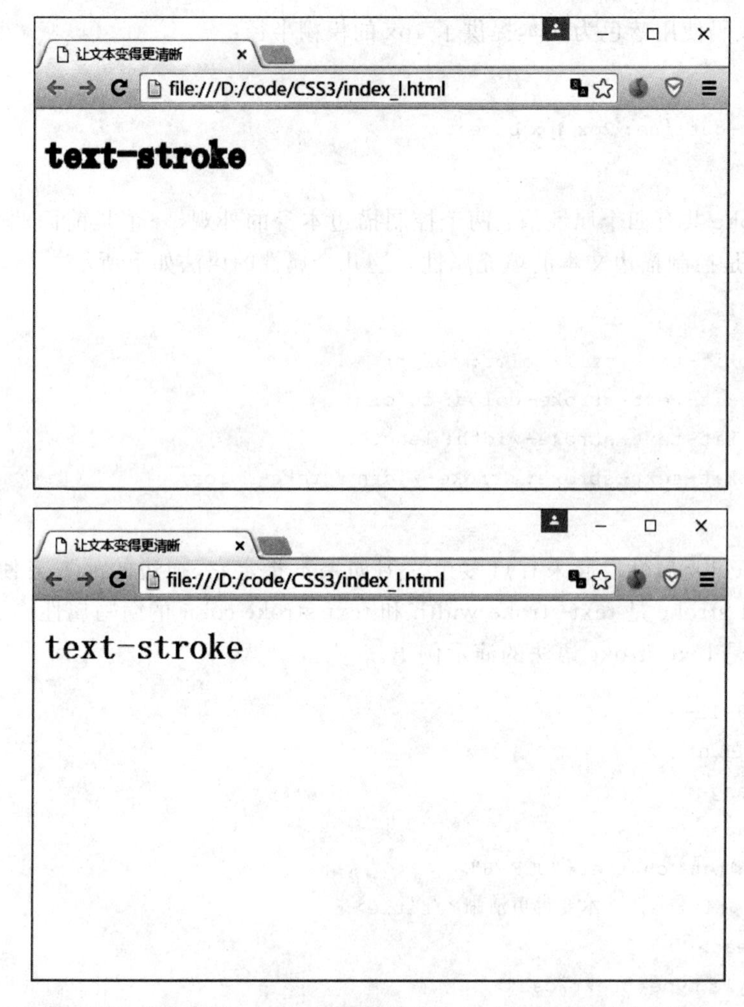

图 9-14　没有应用 text-stroke 属性的文本(上)与应用了的文本(下)

9.5　背景和颜色的使用

CSS3 对背景设置做了一些修改,最明显的一个就是可以设置多背景,不但添加了 4 个新属性,并且还对目前的属性进行了调整增强。CSS3 包含多个新的背景属性,提供了对背景更强大的控制。在本节中将学到如何使用多重背景图片。

9.5.1　设置颜色的方法

1. 认识 CSS 颜色

常用颜色地方包含字体颜色、超链接颜色、网页背景颜色、边框颜色。颜色规范与颜色规定,网页使用 RGB 模式颜色。

2. 颜色基础知识

网页中颜色的运用是网页必不可少的一个元素。使用颜色目的在于有区别、有动感

(特别是超链接中运用)、美观,同时颜色也是网页样式表现元素之一。

CSS颜色语法如下:

```
color:#000000;
```

CSS样式的color后直接加RGB颜色值(#FFFFFF、#000000、#F00)。RGB颜色值在实际布局时确定,也可以使用Photoshop(简称PS)拾取工具进行获取。

有如下两种方法设置对象颜色样式:

(1) 在DIV标签内使用color颜色样式:

```
<div style="color:#F00">www.jb51.net</div>
```

(2) 在CSS选择器中使用color颜色样式CSS代码:

```
.divcss5{color:#00F}
/* 设置对象 divcss5 内文字为蓝色 */
```

3. 文字颜色控制一样

传统HTML和CSS文字颜色相同使用"color:"+"RGB颜色取值"即可,如颜色为黑色字,则对应设置CSS属性选择器内添加"color:#000;"即可。

4. 网页背景颜色设置区别

传统设置背景颜色使用"bgcolor=颜色取值",而CSS中则用"background:"+颜色取值。例如,设置背景为黑色,传统HTML设置,在标签内加入"bgcolor="#000""即可实现颜色为黑色背景,如果在W3C中,则在对应CSS选择器中设置"background:#000"来实现。

5. 设置边框颜色区别

传统HTML中使用"bordercolor=取值",CSS中使用"border-color:"+颜色取值。例如,在传统HTML中直接在table标签加入"bordercolor="#000""即可,在CSS中,设置"border-color:#000;"即可让边框颜色为黑色,同时记得设置宽度和样式(虚线、实现)。

6. 设置RGB颜色的四种方法

(1) #rrggbb(如#00cc00)(强烈推荐使用此表示颜色取值)。

(2) #rgb(如#0c0)。

(3) RGB(x,x,x),其中x是一个包容性的0和255之间的整数(如RGB(0,204,0))。

(4) RGB(y%,y%,y%),其中y是一个包容性的数量介于0.0和100.0之间(如RGB(0%,80%,0%))。

7. 获得CSS颜色值

当记不住颜色值时,如何获取与图片中某部分相同的颜色值呢?通常是在PS软件里通过识色器工具获得准确颜色值,也可以借用其他专门识别颜色工具获取准确的color颜色值。当然一般的网页开发软件都有颜色取值器。

8. CSS颜色样式总结

要使用CSS样式设置对象内容颜色样式,可以使用命名CSS类对象类设置,还有直接在HTML标签内设置。

9.5.2 设置背景颜色

background-color 属性用于设定网页的背景颜色，能接受任何有效的颜色值，对于没有设定的背景色，默认为透明(transparent)。background-color 属性的语法格式为：

```
{ background-color: transparent | color }
```

transparent 是个默认值，表示透明。背景颜色 color 设定的方法可以采用英文单词、十六进制、RGB、HSL、HSLA 和 RGBA。其中，RGBA、HSL 和 HSLA 是 CSS3 新增加的三种颜色值。

RGBA 即在 CSS2 版本中增加的支持透明度的元素。这里的透明度，取值范围为 0～1。

```
RGBA(255,0,0,0.5),
```

HSL 语法如下：

```
hsl(207,38%,47%)
```

HSL 属性值如表 9-3 所示。

表 9-3 HSL 属性值

属 性 值	省略属性值
H：Hue(色调)	取值为：0～360，其实它的单位是度
S：Saturation(饱和度)	取值为：0.0%～100.0%
L：Lightness(亮度)	取值为：0.0%～100.0%
：no-clip：	默认属性值，类似于 background-clip：border

注意：0(或 360)表示红色，120 表示绿色，240 表示蓝色，也可取其他数值来指定颜色。

HSLA 也是在 HSL 的基础上增加的支持透明度的元素。这里的透明度，取值范围是 0～1。语法如下。

```
hsl(207,38%,47%,0.5)
```

可以通过对 HSL 颜色设定 alpha 通道的方法来定义 HSLA 颜色。HSLA 颜色是利用色调(H)、饱和度(S)、亮度(L)和 alpha 通道值(A)来定义的。例 9-16 是一个 HSL 颜色与 HSLA 颜色的使用示例，其中 HSLA 中的 alpha 通道值为 50%(0.5)，表示半透明。

```
<!--例 9-16-->
<!DOCTYPE html>
<html lang="en">
    <head>
        <meta http-equiv="Content-Type" content="text/html; charset=utf-8" />
        <title>使用 HSL 设置颜色</title>
    </head>
    <style type="text/css">
```

```
    //使用 HSLA
        div.hslaL1 { background:hsla(165, 35%, 50%, 0.2); height:20px; }
        div.hslaL2 { background:hsla(165, 35%, 50%, 0.4); height:20px; }
        div.hslaL3 { background:hsla(165, 35%, 50%, 0.6); height:20px; }
        div.hslaL4 { background:hsla(165, 35%, 50%, 0.8); height:20px; }
        div.hslL1 { background:hsl(320, 100%, 50%); height:20px; }    //使用 HSL
        div.hslL2 { background:hsl(320, 50%, 50%); height:20px; }
        div.hslL3 { background:hsl(320, 100%, 75%); height:20px; }
        div.hslL4 { background:hsl(202, 100%, 50%); height:20px; }
    </style>
    <body>
        <p>这是 HSLA 示例</p>
        <div class="hslaL1"></div>
        <div class="hslaL2"></div>
        <div class="hslaL3"></div>
        <div class="hslaL4"></div>
        <br>
        <p>这是 HSL 示例</p>
        <div class="hslL1"></div>
        <div class="hslL2"></div>
        <div class="hslL3"></div>
        <div class="hslL4"></div>
    </body>
    </head>
<html>
```

运行效果如图 9-15 所示。

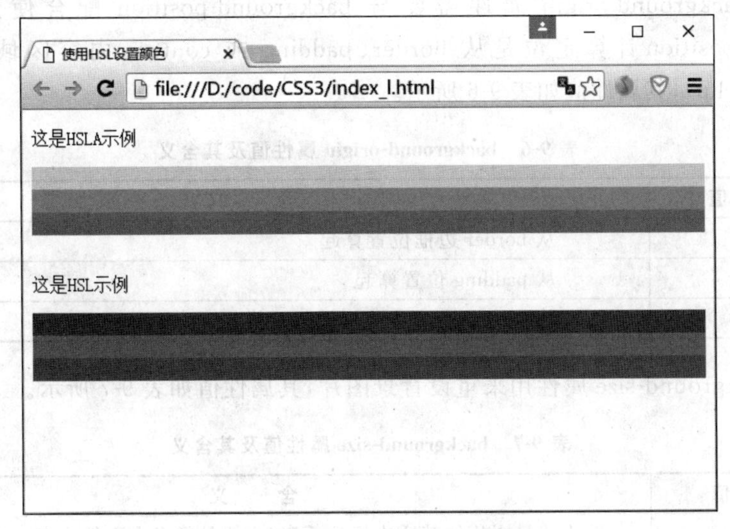

图 9-15　HSL 和 HSLA 的使用效果

9.5.3　设置背景图片

CSS 中通过 background-image 属性来设置背景图片。为窗体设置一个背景图片的格式如下。

```
body {
    background-image: url(picture.jpg)
}
```

表 9-4　background-image 属性值及其含义

属 性 值	含 义
url('URL')	指向图像的路径
None	默认值。不显示背景图像
Inherit	规定应该从父元素继承 background-image 属性的设置

CSS3 设置背景图片添加了 4 个新的属性，分别是 background-clip、background-origin、background-size 和 background-break。

(1) background-clip 能够控制背景显示的位置，其属性值如表 9-5 所示。

表 9-5　background-clip 属性值及其含义

属 性 值	含 义
：border	背景在 border 边框下开始显示
：padding	背景在 padding 下开始显示
：content	背景在内容区域下开始显示
：no-clip	默认属性值，类似于 background-clip：border

(2) background-origin 属性需要与 background-position 配合使用。可以用 background-position 计算定位是从 border、padding 或 content 内容区域算起（类似 background-clip），其属性值如表 9-6 所示。

表 9-6　background-origin 属性值及其含义

属 性 值	含 义
：border	从 border 边框位置算起
：padding	从 padding 位置算起
：content	从 content-box 内容区域位置算起

(3) background-size 属性用来重设背景图片，其属性值如表 9-7 所示。

表 9-7　background-size 属性值及其含义

属 性 值	含 义
：contain	缩小背景图片使其适应标签元素（主要是像素方面的比率）
：cover	让背景图片放大延伸到整个标签元素大小（主要是像素方面的比率）
：bounding-box	重新考虑区域之间的间隔
：each-box	对每一个独立的标签区域进行背景的重新划分
：100px 100px	标明背景图片缩放的尺寸大小

9.6 设置超链接样式

超链接有四种不同的状态,CSS用伪类来标识它们。文字超链接默认的样式有下画线,文字在未访问时、访问时与访问过后有不同的颜色。图像超链接默认的样式有边框,边框的颜色在未访问时、访问时与访问过后都不同。可以利用CSS更改超链接的样式。

表9-8显示了超链接的四种访问状态。

表9-8 超链接的四种状态及其含义

访问状态	含义
:link	设置a对象在未被访问前的样式表属性
:visited	设置a对象在其链接地址已被访问过时的样式表属性
:hover	设置对象在其鼠标悬停时的样式表属性
:active	设置对象在被用户激活(在鼠标单击与释放之间发生的事件)时的样式表属性

定义超链接样式的一般格式如下。

```
选择符:伪类名 { 样式表 }
```

伪类名字对大小写不敏感,但在定义顺序上有要求,:hover必须被置于:link和:visited之后才是有效的,:active必须被置于:hover之后才是有效的。如果没有指定伪类,则默认为:link。超链接默认情况下是总是有下画线的,如果要去掉下画线,则需要添加样式text-decoration:none。

例9-17实现了超链接样式的设置。

```
<!--例9-17-->
<!DOCTYPE html>
<html lang="en">
    <head>
        <meta charset="UTF-8">
        <title>设置超链接样式</title>
    </head>
    <style type="text/css">
        /* //链接平常样式 */
        a:link {
            font-size: 10pt;
            color: #0000cc;
            font-family: "宋体";
            text-align: left;
            text-decoration: underline;
            TEXT-DECORATION:none;
        }
```

```
        /* 链接访问后样式 */
        a:visited {
            font-size: 9pt;
            color: #0000cc;
            font-family: 宋体;
            text-align: left;
            text-decoration: underline;
            TEXT-DECORATION:none;
        }
        /* 鼠标放到链接上样式 */
        a:hover {
            color: #993300;
            text-decoration: underline;
            TEXT-DECORATION:none;
        }
        /* 链接被按下时样式 */
        a:active {
            color: #ff0033;
            text-decoration: none;
        }
    </style>
    <body>
        <a href="www.baidu.com">百度一下,您就知道</a>
    </body>
</html>
```

运行效果如图 9-16 所示。

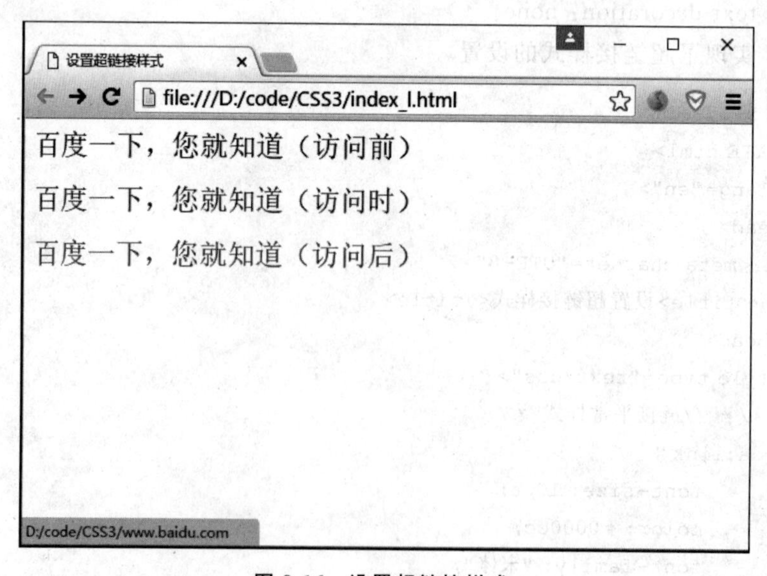

图 9-16 设置超链接样式

9.7 盒子概念与使用

在盒子模型的定义里，每个显示在网页上的标签都是一个矩形对象。盒子模型中的矩形对象都包含了一个内容区域，这个内容区域能够容纳其他矩形对象，盒子模型通过这样一层套一层的方式，将树状结构的标签展开成为树状结构的矩形对象，来决定矩形对象之间互相影响的显示外观。

9.7.1 盒子的概念

盒子模型里的矩形对象包含了如图 9-17 所示的各种各样的样式，这些代表标签的矩形对象的显示样式，开发者可以通过 CSS 样式来更改。图中矩形对象的几个显示样式，依照由外向内的顺序分别对外边界、边框和内边界进行详细说明。

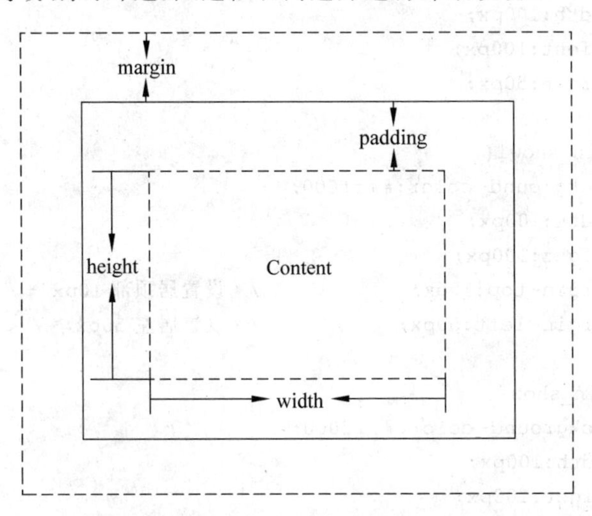

图 9-17 盒子模型说明

(1) 外边界：首先看到的是 margin 属性(外边距)。外边界定义了矩形对象与其他矩形对象之间的距离。浏览器在决定显示外观的时候，会参考这个显示样式所定义的距离，来计算对象与内容区域之间的距离、同一个内容区域内相邻的两个矩形之间的距离。

(2) 边框：border 属性(边框)定义了矩形对象显示在网页时边框的框线样式与粗细。浏览器在决定显示外观时候，会参考这个样式所定义的框线粗细来计算矩形对象的面积大小。并且在显示标签的时候，依照这个样式来显示边框的框线样式与粗细。

(3) 内边距：padding 属性(内边距)定义了矩形对象的边框与内容区域之间的距离浏览器参考这个样式所定义的距离来计算边框与内容区域之间应该要保持的距离。

(4) 宽度、高度：width 属性(宽度)、height 属性(高度)用来定义内容区域面积的大小。

9.7.2 设置元素外边界

margin 属性表示盒子模型的外边界概念。盒子模型中的矩形对象都包含了一个内容

区域，这个内容区域能够容纳其他的矩形对象。矩形对象与内容区域之间的距离、同一内容区域内相邻的两个矩形对象之间的距离，都是参考 margin 属性进行计算。

例 9-18 示范了如何在网页中使用 margin 属性。

```
<!--例 9-18-->
<!DOCTYPE html>
<html lang="en">
    <head>
        <meta charset="UTF-8">
        <title>使用 Class 选择器</title>
    </head>
    <style type="text/css">
        #margin_show{
            background-color:#fff000;
            width:100px;
            height:100px;
            margin:50px;
        }
        #margin_show1{
            background-color:#fff000;
            width:100px;
            height:100px;
            margin-top:10px;                /*设置居顶部 10px */
            margin-left:50px;               /*设置居左 50px */
        }
        #margin_show2{
            background-color:#fff000;
            width:100px;
            height:100px;
            margin-bottom:10px;             /*设置居底部 10px */
            margin-right:50px;              /*设置居右 50px */
        }
        #margin_show3{
            background-color:red;
            width:30px;
            height:30px;
            margin:0 auto;                  /*设置居中*/
        }
    </style>
    <body>
        <div id="margin_show">
            This is CSS!
        </div>
        <div id="margin_show1">
            This is CSS!
        </div>
```

```
        <div id="margin_show2">
            <div id="margin_show3">
            </div>
        </div>
    </body>
</html>
```

运行效果如图 9-18 所示。

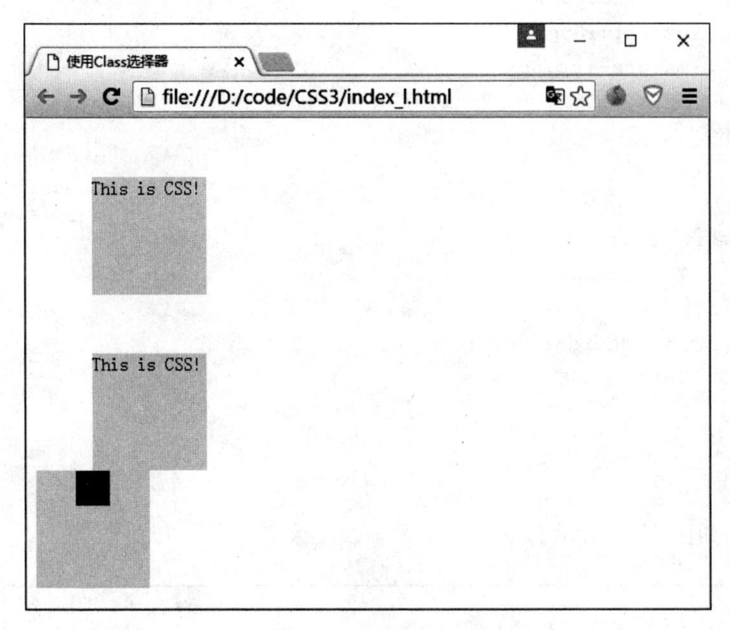

图 9-18　margin 属性的使用

9.7.3　设置元素边框

border 属性表示盒子模型的边框概念。可以定义边框的框线样式与框线粗细。开发人员通过 border 属性，定义代表标签的矩形对象的边框。边框样式是以文字字符串来定义边框样式的属性内容。

例 9-19 示范了在网页中使用 border 属性。通过 CSS 将两个 div 标签的设置为边框粗细不同、面积相同。

```
<!--例 9-19-->
<!DOCTYPE html>
<html lang="en">
    <head>
        <meta charset="UTF-8">
        <title>使用 Class 选择器</title>
    </head>
    <style type="text/css">
        #border_show{
```

```
            background-color:#ff0099;
            width:100px;
            height:100px;
            border:5px solid blue;
        }
        #border_show1{
            background-color:#ff0099;
            width:100px;
            height:100px;
            margin-top:5px;
            border:15px solid blue;
        }
    </style>
    <body>
        <div id="border_show">
            This is CSS!
        </div>
        <div id="border_show1">
            This is CSS!
        </div>
    </body>
</html>
```

运行效果如图 9-19 所示。

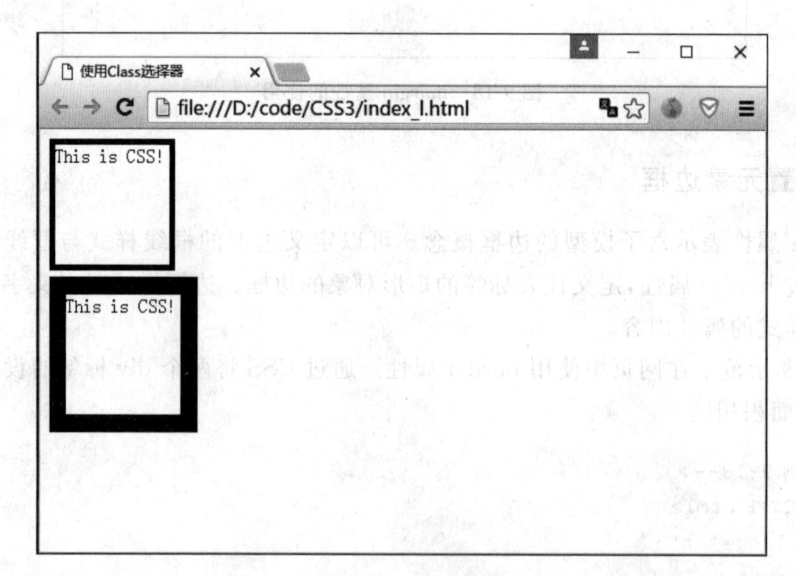

图 9-19 边框的使用

border-style 属性用于设置元素所有边框的样式，或者单独为各边设置边框样式。

```
border-style:dotted solid double dashed;  //设置上下左右边框的样式
```

border-style 属性值如表 9-9 所示。

表 9-9 border-style 属性值及其含义

访问状态	含　义
none	定义无边框
hidden	与"none"相同。不过应用于表时除外，对于表，hidden 用于解决边框冲突
dotted	定义点状边框。在大多数浏览器中呈现为实线
dashed	定义虚线。在大多数浏览器中呈现为实线
solid	定义实线
double	定义双线。双线的宽度等于 border-width 的值
groove	定义 3D 凹槽边框。其效果取决于 border-color 的值
ridge	定义 3D 垄状边框。其效果取决于 border-color 的值
inset	定义 3D inset 边框。其效果取决于 border-color 的值
outset	定义 3D outset 边框。其效果取决于 border-color 的值
inherit	规定应该从父元素继承边框样式

9.7.4 设置元素内边界

padding 属性表示盒子模型的内边距。通过 padding 属性定义代表标签的矩形对象的内边距。能够接受长度、百分比等属性值。其中，百分比属性值和 margin 属性一样的，都是使用父矩形对象的内容区域大小来作为百分比的计算基数，如例 9-20 所示。

```
<!--例 9-20-->
<!DOCTYPE html>
<html lang="en">
    <head>
        <meta charset="UTF-8">
        <title>使用 Class 选择器</title>
    </head>
    <style type="text/css">
        #padding_show{
            background-color:#fff000;
            width:100px;
            height:100px;
            padding:10px;
        }
        #padding_show1{
            background-color:#fff000;
            width:100px;
            height:100px;
            margin:10px;
            padding:40px;
        }
    </style>
```

```
    <body>
        <div id="padding_show">
            This is CSS!
        </div>
        <div id="padding_show1">
            This is CSS!
        </div>
    </body>
</html>
```

运行效果如图 9-20 所示。

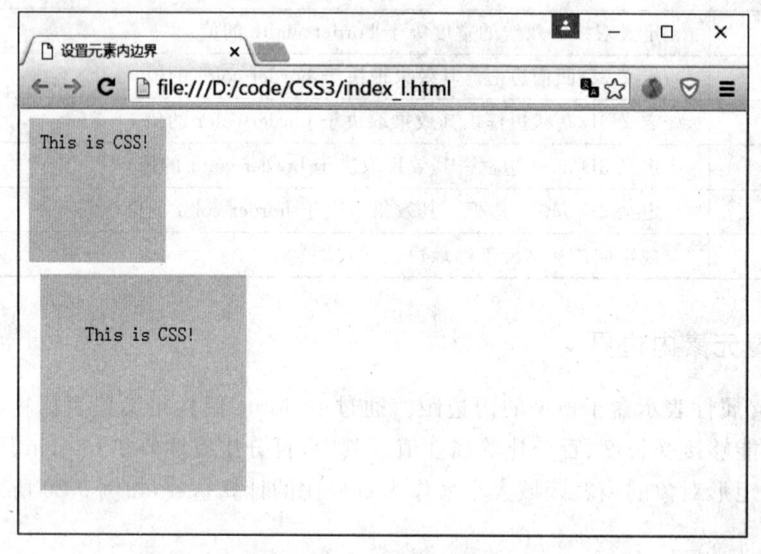

图 9-20 内边界的设定效果

提示：padding 是内容与边框的空隙，而 margin 是模块与模块的空隙。

9.8 列　　表

列表在网页制作当中十分普遍，如新闻列表、产品类别列表等，甚至导航栏，都用到了列表（HTML 标签为<li>），所以，列表样式也自然显得格外重要，定义不同的列表样式，会得到不同的列表效果。下面介绍三个常见的列表属性值及其含义，如表 9-10 所示。

表 9-10 常见的列表属性值及其含义

常见的列表属性值	含　义
list-style-type	设定引导列表项目的符号类型
list-style-image	选择图像作为项目的引导符号
List-style-position	决定列表项目所缩进的

定义列表项目符号类型的语法形式如下：

```
list-style-type:value
```

常见的列表符号类型的属性值及其含义如表 9-11 所示。

表 9-11 常见的列表符号属性值及其含义

常见的列表符号属性值	含 义
circle	设定引导列表项目的符号类型
square	选择图像作为项目的引导符号
decimal	在文本前面加普通的阿拉伯数字
lower-roman	在文本前面加小写罗马数字
wpper-roman	在文本前面加大写罗马数字
lower-alpha	在文本前面加小写英文字母
wpper-alpha	在文本前面加大写英文字母
none	不显示任何项目符号或编号
disc	在文本前面加实心圆

9.9 上 机 练 习

下面利用有序列表来实现一个漂亮的列表样式，如例 9-21 所示。

```
<!--例 9-21-->
<!DOCTYPE html>
<html>
    <head>
        <title>设置列表样式示例</title>
        <style>
        body{
            margin: 40px auto;
            width: 500px;
        }
        /* ---------------------------------------- */
        ol{
            counter-reset: li;
            list-style: none;
            *list-style: decimal;
            font: 15px 'trebuchet MS', 'lucida sans';
            padding: 0;
            margin-bottom: 4em;
            text-shadow: 0 1px 0 rgba(255,255,255,.5);
        }
        ol ol{
```

```
    margin: 0 0 0 2em;
}
/* ----------------------------------------- */
.rounded-list a{
    position: relative;
    display: block;
    padding: .4em .4em .4em 2em;
    *padding: .4em;
    margin: .5em 0;
    background: #ddd;
    color: #444;
    text-decoration: none;
    -moz-border-radius: .3em;
    -webkit-border-radius: .3em;
    border-radius: .3em;
    -webkit-transition: all .3s ease-out;
    -moz-transition: all .3s ease-out;
    -ms-transition: all .3s ease-out;
    -o-transition: all .3s ease-out;
    transition: all .3s ease-out;
}
.rounded-list a:hover{
    background: #eee;
}
.rounded-list a:hover:before{
    -moz-transform: rotate(360deg);
      -webkit-transform: rotate(360deg);
    -moz-transform: rotate(360deg);
    -ms-transform: rotate(360deg);
    -o-transform: rotate(360deg);
    transform: rotate(360deg);
}
.rounded-list a:before{
    content: counter(li);
    counter-increment: li;
    position: absolute;
    left: -1.3em;
    top: 50%;
    margin-top: -1.3em;
    background: #87ceeb;
    height: 2em;
    width: 2em;
    line-height: 2em;
    border: .3em solid #fff;
    text-align: center;
    font-weight: bold;
```

```
            -moz-border-radius: 2em;
            -webkit-border-radius: 2em;
            border-radius: 2em;
            -webkit-transition: all .3s ease-out;
            -moz-transition: all .3s ease-out;
            -ms-transition: all .3s ease-out;
            -o-transition: all .3s ease-out;
            transition: all .3s ease-out;
        }
        </style>
    </head>
    <body>
        <ol class="rounded-list">
            <li><a href="">List item</a></li>
            <li><a href="">List item</a></li>
                <ol>
                    <li><a href="">List sub item</a></li>
                    <li><a href="">List sub item</a></li>
                </ol>
            </li>
            <li><a href="">List item</a></li>
            <li><a href="">List item</a></li>
        </ol>
    </body>
</html>
```

运行效果如图 9-21 所示。

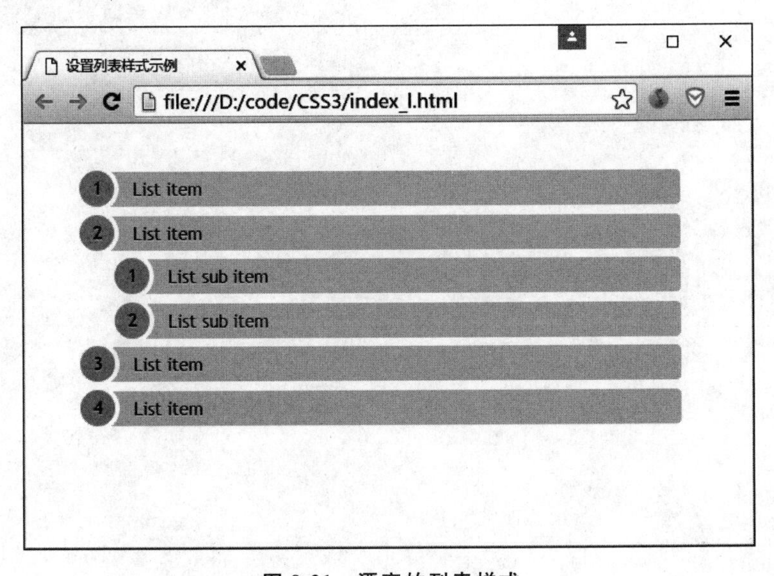

图 9-21 漂亮的列表样式

9.10 本章小结

本章主要讲解了CSS的基本使用。重点内容如下：

(1) 选择器大体分为两种类别。第一种类别包含了类型选择器、类选择器、选择元素的一部分和ID选择器，统称为DOM选择器；第二种类别包含伪选择器。

(2) 样式表的定义及使用。

(3) 排版样式的使用以及颜色的设置。

(4) 盒子模型的使用。

第 10 章

CSS3 高级应用

CSS3 为网页带来了许多的新特性，CSS3 高级应用更是带来了充满想象的视觉效果：2D、3D 动画、渐变以及过渡效果。

本章重点

- 掌握块级元素的设置
- 了解动画设计的规则
- 掌握基本的动画设计基础
- 熟练掌握页面的基本布局以及弹性盒布局的使用

10.1 div 元素

HTML <div>元素是块级元素，它是用于组合其他 HTML 元素的容器。<div>元素在网页中的作用是定位元素或者布局，运用<div>元素比表格的布局更具有灵活性，它能够将层中的内容摆放到浏览器的任意位置，同时还可以嵌入应用。<div>元素没有特定的含义，由于它属于块级元素，浏览器会在其前后显示换行。如果与 CSS 一同使用，<div>元素的常见用途包括文档布局、文字、图像、动画。一个网页文件中可以使用多个层，层与层之间可以以任意方式重叠。<div>的基本语法如下：

```
<body>
    <div id="div1">你好,这是一个 div1 元素。</div>
    <div id="div2">你好,这是一个 div2 元素。</div>
</body>
```

<div>元素的应用如例 10-1 所示。

```
<!--例 10-1-->
<!DOCTYPE html>
<html lang="en">
    <head>
        <meta charset="UTF-8">
        <title>块级元素示例</title>
        <style type="text/css">
            #layer1{
```

```
                position:absolute;
                width:121px;
                height:115px;z-index:1;
                left:47px;top:131px;
                background-color:#00FF00;
                border:1px none #000000;
                visibility:inherit;
            }
            #layer2{
                position:absolute;
                left:241px;top:20px;
                width:145px;
                height:52px;
            }
        </style>
    </head>
    <body >
        <div id="layer1">
        </div>
        <div id="layer2">
        <img src="Images/123.jpg" width="230px" height="300px" alt="未显示">
        </div>
    </body>
</html>
```

运行效果如图 10-1 所示。

图 10-1　块级元素设置

在例10-1的代码中使用了一些基本属性,下面对这些属性进行详细介绍。

1. position属性规定元素的定位类型

该属性定义建立元素布局所用的定位机制。任何元素都可以定位,不过绝对定位或固定定位元素会生成一个块级框,而不论该元素本身是什么类型。相对定位元素会相对于它在正常流中的默认位置偏移。position属性值及其含义如表10-1所示。

表10-1 position属性值及其含义

属性值	含义
absolute	生成绝对定位的元素,相对于static定位以外的第一个父元素进行定位
fixed	生成绝对定位的元素,相对于浏览器窗口进行定位
relative	生成相对定位的元素,相对于其正常位置进行定位
static	默认值。没有定位,元素出现在正常的流中
inherit	规定应该从父元素继承position属性的值

提示: position中元素的位置通过left、top、right以及bottom属性进行规定,默认值static忽略top、bottom、left、right或z-index声明。

2. visibility属性规定元素是否可见

visibility属性值及其含义如表10-2所示。

表10-2 visibility属性值及其含义

属性值	含义
visible	默认值,元素是可见的
hidden	元素是不可见的
collapse	当在表格元素中使用时,此值可删除一行或一列,但是它不会影响表格的布局
inherit	规定应该从父元素继承visibility属性的值

3. z-index属性设置元素的堆叠顺序

拥有更高堆叠顺序的元素总是会处于堆叠顺序较低的元素的前面。z-index属性值及其含义如表10-3所示。

表10-3 z-index属性值及其含义

属性值	含义
absolute	生成绝对定位的元素,相对于static定位以外的第一个父元素进行定位
fixed	生成绝对定位的元素,相对于浏览器窗口进行定位
relative	生成相对定位的元素,相对于其正常位置进行定位
static	默认值。没有定位,元素出现在正常的流中
inherit	规定应该从父元素继承position属性的值

提示: 元素可拥有负的z-index属性值。

10.2 导航栏设计

导航栏是指位于页眉区域，在页眉横幅图片上边或者下边的一排水平导航按钮，它起着链接各个网页的作用。网站使用导航栏是为了让访问者更清晰快速地找到需要的资源区域。

网页设计导航栏需要借助 HTML 列表来实现。HTML 列表分为无序列表和有序列表，还可以使用自定义列表。拥有易用的导航条对于任何网站都很重要，通过 CSS 能够把乏味的 HTML 菜单转换为漂亮的导航栏。

例 10-2 实现一个网站首页的导航栏，其中运用了导航栏的基础知识。

```
<!--例 10-2-->
<!DOCTYPE html>
<html lang="en">
    <head>
        <meta charset="UTF-8">
        <title>CSS 导航菜单设计</title>
        <style type="text/css">
        *{margin:0px;padding:0px;font-size:12px;}
        #nav li{float:left; list-style:none;}
        #nav li a{
            color:#000;text-decoration:none;display:block;
            width:100px;height:25px;line-height:25px;
            text-align:center;background:#ececec;
            margin-left:2px;
        }
        #nav li a:hover{
            background:#336699;color:#eee;
        }
        </style>
    </head>
    <body>
        <ul id="nav">
            <li><a href="http://www.veryhuo.com">首页</a></li>
            <li><a href="http://baike.liehuo.net">百科</a></li>
            <li><a href="http://tool.liehuo.net">工具</a></li>
            <li><a href="http://blog.liehuo.net">Blog</a></li>
            <li><a href="http://bbs.liehuo.net">论坛</a></li>
            <li><a href="http://link.liehuo.net">链接</a></li>
        </ul>
    </body >
</html>
```

在上面的代码中使用了一些基本属性，下面对这些属性进行详细介绍：

(1) list-style-type：none——删除圆点。导航栏不需要列表项标记。

(2) float：left——使用 float 来把块元素滑向彼此。

(3) display：block——把链接显示为块元素可使整个链接区域可点击(不仅仅是文本)，同时也允许我们规定宽度。

提示：有两种创建水平导航栏的方法：使用行内或浮动列表项。

运行效果如图 10-2 所示。

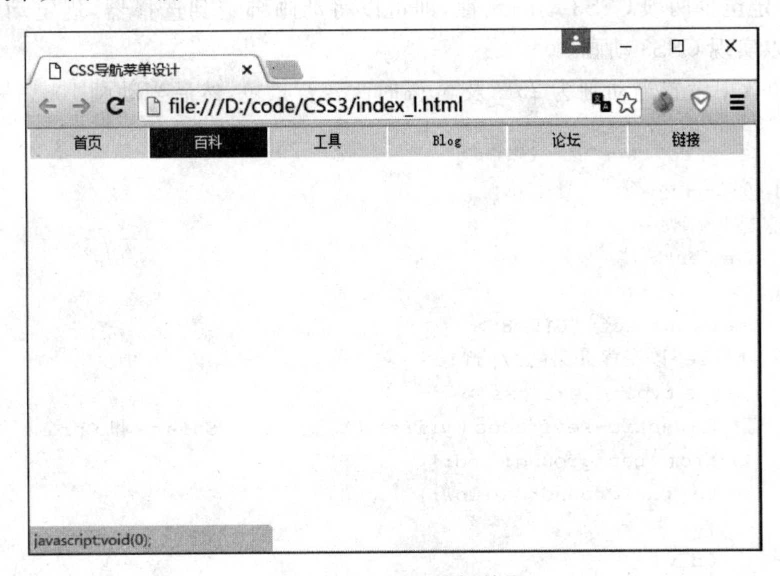

图 10-2　水平导航栏效果

10.3　动画设计

通过 CSS 能够创建各种动画，这可以在许多网页中取代动画图片、Flash 动画以及 JavaScript。要创建 CSS3 动画，必须了解@keyframes 规则。@keyframes 规则用于创建动画，指定一个 CSS 样式和动画将逐步从目前的样式更改为新的样式。

10.3.1　@keyframes 规则

创建动画的原理是将一套 CSS 样式逐渐变化为另一套样式。在创建动画过程中能够多次改变 CSS 样式。以百分比来规定改变发生的时间，或者通过关键词 from 和 to，等价于 0%和 100%。0%是动画的开始时间，100%动画的结束时间。为了获得最佳的浏览器支持，应该始终定义 0%和 100%选择器。

@keyframes 的语法格式如下：

```
@keyframes animationname {keyframes-selector {css-styles;}}
```

@keyframes 的属性值及其含义如表 10-4 所示。

表 10-4 @keyframes 属性值及其含义

属性值	含义
animationname	必需。定义动画的名称
keyframes-selector	必需。动画时长的百分比
css-styles	必需。一个或多个合法的 CSS 样式属性

当在@keyframes 中创建动画时，需要捆绑到某个选择器上，否则不会产生动画效果。通过规定至少两项 CSS3 动画属性，即可以将动画绑定到选择器，规定动画的名称、时长，就可以实现 CSS3 动画。

在例 10-3 中设置当动画为 25%及 50%时改变背景色，然后当动画 100%完成时再次改变。

```
<!--例 10-3-->
<!DOCTYPE html>
<html lang="en">
    <head>
        <meta charset="UTF-8">
        <title>改变背景颜色</title>
        <style type="text/css">
            @-webkit-keyframes myfirst {          /* Safari 和 Chrome */
            from {background: red;}
            to {background: yellow;}
            }
            #div{
                width: 260px;
                height: 260px;
                animation: myfirst 5s;
                -moz-animation: myfirst 5s;      /* Firefox */
                -webkit-animation: myfirst 5s;   /* Safari 和 Chrome */
                -o-animation: myfirst 5s;        /* Opera */
            }
        </style>
    </head>
    <body>
        <div id="div">
        </div>
    </body>
</html>
```

提示：keyframes-selector 合法的值为 0～100%，其中 from 与 0%相同，to 与 100%相同。

10.3.2 2D 变形

HTML 工作的方式决定了其所有元素都是由长方形方块和直角边角组成，这样就导致网页是四四方方的外观。2D变换的出现意味着可以使用这些新特性对元素进行旋转、大小调整、倾斜和随意的变换。

1. transform 属性

transform 的基本语法：

```
transform:none | <transform-function>[<transform-function>] *
```

可用于内联元素和块元素。其默认值为 none，表示元素不进行变形。另一个属性值是一系列的<transform-function>，表示一个或多个变形函数，以空格分开。换句话说，就是同时对一个元素进行变形的多种属性操作，例如移动、旋转、缩放等。

2D常用变形函数的功能如表10-5所示。

表10-5 2D transform 常用的 transform-function 的功能

函　数	功能描述
translate()	移动元素，可以根据X轴和Y轴坐标重新定位元素位置。在此基础上有两个扩展函数 translateX()和 translateY()
scale()	缩小或放大元素，可以使元素尺寸发生变化，在此基础上有两个扩展函数是 scaleX()和 scaleY()
rotate()	旋转元素
skew()	让元素倾斜，在此基础上有两个扩展函数 skewX()skewY()
matrix()	定义矩阵变形，基于X轴和Y轴坐标重新定位元素位置

注意：这里需要提醒大家，以往叠加效果都是用“，”隔开，但在 transform 中使用多个 transform-function 时却需要用空格隔开。

(1) 移动。通过 translate()方法，元素从其当前位置移动，根据给定的 left(x 坐标)和 top(y 坐标)位置参数进行移动。

```
#div1{
    transform:translate(50px,100px);
}
#div2{
    transform:translateX(50px);
    transform:translate(100px);
}
```

(2) 缩放。通过 scale ()方法，元素的尺寸会增加或减少，根据给定的宽度(X 轴)和高度(Y 轴)参数。

```
div{
    transform: scale(2,4);
}
```

(3) 旋转。通过 rotate ()方法，元素顺时针旋转给定的角度。允许负值，元素将逆时针旋转。

```
div{
    transform:rotate(30deg);
}
```

(4) 倾斜。skew 函数允许修改元素的水平轴和垂直轴的角度，就像 translate 一样，每一条轴都有一个单独的函数，两者都可以使用简写函数。通过 skew ()方法，元素翻转给定的角度，根据给定的水平线(X 轴)和垂直线(Y 轴)参数。

```
div{
    transform: skew(30deg,20deg);
}
```

(5) 把所有 2D 转换方法组合在一起。通过 matrix()方法可以把所有 2D 转换方法组合在一起，matrix()方法需要 6 个参数，包含数学函数，允许旋转、缩放、移动以及倾斜元素。

```
div{
    transform:matrix(0.866,0.5,-0.5,0.866,0,0);
}
```

2. transform-origin 属性

transform-origin 属性用来指定元素的中心点位置。默认情况下，变形的原点在元素的中心点，或者是元素 X 轴和 Y 轴的 50%处。没有使用 transform-origin 改变元素原点位置的情况下，CSS 进行旋转、移位、缩放等操作都是以元素自己中心位置进行变形的。但很多时候需要在不同的位置对元素进行变形操作，这时就可以使用 transform-origin 来对元素进行原点位置改变，使元素原点不在元素的中心位置，以达到需要的原点位置。

transform-origin 属性的语法如下：

```
transform-origin:[<percentage>|<length>|left | center | right | top | bottom ]
| [<percentage>|<length>|left | center | right] | [ [<percentage>|<length>|
left | center | right]  && [<percentage>|<length>|top | center | bottom]]
<length>?
```

上面的语法看起来比较复杂，其实可以只设置一个值的语法，可拆分成以下形式：

```
transform-origin:x-offset
transform-origin:offset-keyword
```

只设置两个值的语法：

```
transform-origin:x-offset  y-offset
transform-origin:y-offset  x-offset -keyword
transform-origin:x-offset - keyword  y-offset
transform-origin:x-offset - keyword  y-offset-keyword
transform-origin:y-offset-keyword   x-offset - keyword
```

只设置三个值的语法：

```
transform-origin:x-offset  y-offset  z-offset
transform-origin:y-offset  x-offset - keyword  z-offset
transform-origin:x-offset - keyword  y-offset  z-offset
transform-origin:x-offset - keyword  y-offset-keyword   z-offset
transform-origin:y-offset-keyword   x-offset - keyword  z-offset
```

transform-origin 属性值可以是百分比、em、px 等具体的值，也可以是 top、right、bottom、left 和 center 这样的关键词。

2D 变形中的 transform-origin 属性可以有一个参数值，也可以有两个参数值。如果是两个参数值时，第一个值设置水平方向 X 轴的位置，第二个值用来设置垂直方向 Y 轴位置。第三个值还包括了 Z 轴，属于 3D 变形中函数，将会在后面详细讲解。其各个值的取值简单说明如表 10-6 所示。

表 10-6　2D 变形中的 transform-origin 属性值及其功能

属 性 值	功 能
x-offset	用来设置 transform-origin 水平方向 X 轴的偏移量，可以使用<length>和<percentage>值，同时可以是正值(从中心点沿水平方向 x 轴向右偏移量)，也可以是负值(从中心点沿水平方向 x 轴向左偏移量)
offset-keyword	是 top、right、bottom、left 或 center 中的一个关键词，可以用来设置 transform-origin 的偏移量
y-offset	用来设置 transform-origin 属性在垂直方向 Y 轴的偏移量，可以使用<length>和<percentage>值，同时可以是正值(从中心点沿垂直方向 y 轴向下的偏移量)，也可以是负值(从中心点沿垂直方向 y 轴向上的偏移量)
x-offset-keyword	是 right、left 或 center 中的一个关键词，可以用来设置 transform-origin 属性值在水平 X 轴的偏移量
y-offset-keyword	是 top、bottom 或 center 中的一个关键词，可以用来设置 transform-origin 属性值在垂直方向 Y 轴的偏移量
z-offset	设置 3D 变形中 transform-origin 远离用户眼睛视点的距离，默认值 z=0，其取值可以是<length>，不过<percentage>在这里将无效

下面通过例 10-4 来深入了解一下 transform-origin 的用法。

```
<!--例 10-4-->
<!DOCTYPE html>
<html lang="en">
    <head>
        <meta charset="UTF-8">
        <title>transform-origin 用法示例</title>
        <style type="text/css">
            #div1{
                position: relative;
```

```
            height: 200px;
            width: 200px;
            margin: 100px;
            padding:10px;
            border: 1px solid black;
        }
        #div2{
            padding:50px;
            position: absolute;
            border: 1px solid black;
            background-color: yellow;
            transform: rotate(45deg);
            transform-origin:20% 40%;

        }
    </style>
<body>
    <div id="div1">
        <div id="div2">HELLO</div>
    </div>
</body>
</html>
```

运行效果如图 10-3 所示。

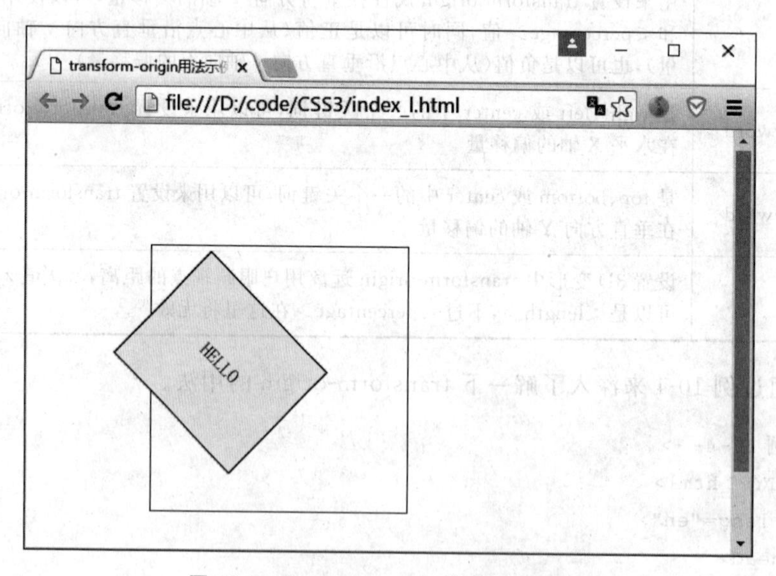

图 10-3 transform-origin 使用效果示例

3. 2D 变形兼容性

目前 CSS3 的 2D 变形在主流浏览器中已得到较好的支持。CSS3 的 2D 变形虽然得到了众多浏览器的支持,但在实际使用的时候需要添加浏览器各自的私有属性。

(1) IE9 中使用 2D 变形时,需要添加-ms-私有属性,IE10+版本开始支持 2D 变形。

(2) Firefox3.5 至 Firefox15.0 版本需要添加-moz-私有属性,Firefox16+版本开始支持 2D 变形。

(3) Chrome4.0+开始支持 2D 变形,在实际使用的时候需要添加-webkit-私有属性。

(4) Safari3.1+开始支持 2D 变形,在实际使用的时候需要添加-webkit-私有属性。

(5) Opera10.5+开始支持 2D 变形,在实际使用的时候需要添加-o-私有属性。但在 Opera12.1 版本中不需要添加私有属性,不过在 Opera15.0+版本中需要添加私有属性 -webkit-。

(6) 移动设备的 iOS Safari 3.2+、Android Browser 2.1+、Blackberry Browser 7.0+、Opera Mobile 14.0+、Chrome for Android25.0+需要添加私有属性-webkit-,而 Opera Mobile 11.0 至 Opera Mobile 12.1 和 Firefox for Android 19.0+不需要使用浏览器私有属性。

10.3.2 平滑过渡

Web 前端开发人员一直在寻求通过 HTML 和 CSS 实现一些动画交互效果,而不再使用 JavaScript 或 Flash。CSS 的过渡功能就是通过一些 CSS 的简单动作触发样式平滑过渡。

W3C 标准中描述的 transition 功能很简单,CSS3 的 transition 允许 CSS 的属性值在一定的时间区间内平滑地过渡。这种效果可以在鼠标单击、获得焦点、被点击或对元素任何改变中触发,并平滑地以动画效果改变 CSS 的属性值,如表 10-7 所示。

表 10-7 过渡属性

属 性	功能描述
transition	简写属性,用于在一个属性中设置四个过渡属性
Transition-property	规定应用过渡的 CSS 属性的名称
Transition-duration	定义过渡效果花费的时间,默认是 0
Transition-timing-function	规定过渡效果的时间曲线,默认是'ease'
Transition-delay	规定过渡效果何时开始。默认是 0

以下是使用 CSS 创建简单过渡的步骤。

(1) 在默认样式中声明元素的初始状态样式;

(2) 声明过渡元素最终状态样式,例如悬浮状态;

(3) 在默认样式中通过添加过渡函数,添加一些不同的样式。

下面来看例 10-5,加深一下对上述属性的理解。

```
<!--例 10-5-->
<!DOCTYPE html>
<html lang="en">
    <head>
```

```
            <meta charset="UTF-8">
            <title>平滑过渡效果</title>
            <style type="text/css">
                div{
                    width:100px;
                    height:100px;
                    background:yellow;
                    /* Safari and Chrome */
                    -webkit-transition-property:width;
                    -webkit-transition-duration:1s;
                    -webkit-transition-timing-function:linear;
                    -webkit-transition-delay:1s;
                }
                div:hover{
                    width:200px;
                }
            </style>
        </head>
        <body>
            <div>过渡属性</div>
            <p>请把鼠标指针放到黄色的 div 元素上,来查看过渡效果。</p>
        </body>
    </html>
```

运行效果如图 10-4 和图 10-5 所示。

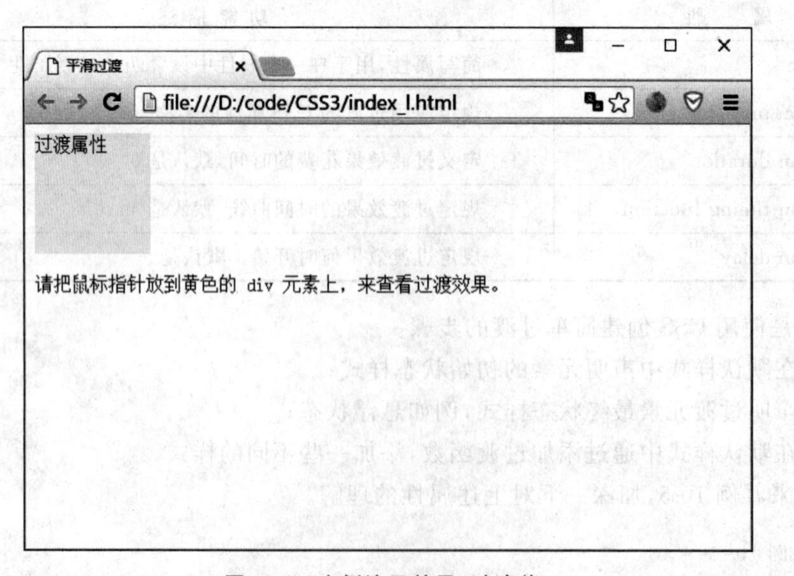

图 10-4　实例演示效果(过渡前)

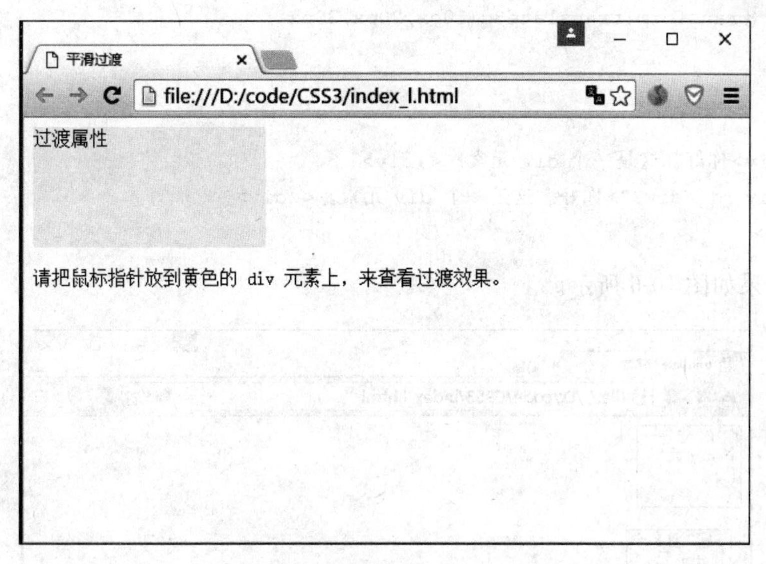

图 10-5 示例演示效果(过度后)

10.3.3 3D 动画

CSS3 允许使用 3D 转换对元素进行格式化。通过本节的学习,大家对 CSS3 的 3D 动画会有一个较深的了解。三维变换使用基于二维变换的相同属性,如果熟悉二维变换,会发现 3D 变形的功能和 2D 变形的功能相当类似。CSS3 3D 变形主要包括以下几种功能函数。

(1) 3D 位移：包括 translateZ()和 translate3d()两个功能函数。

(2) 3D 旋转：包括 rotateX()、rotateY()、rotateZ()、rotate3d()四个功能函数。

(3) 3D 缩放：包括 scaleZ()和 scale3d()两个功能函数。

(4) 3D 矩阵：和 2D 变形一样,也有一个 3D 矩阵功能函数 matrix3d()。

3D 位移 translate3d()函数使一个元素在三维空间移动。这种变形的特点是,使用三维向量的坐标定义元素在每个方向移动多少。下面来看例 10-6,加深对 translate3d()函数的理解。

```
<!--例 10-6-->
<style type="text/css">
    div
    {
        width:100px;
        height:75px;
        background-color:yellow;
        border:1px solid black;
    }
    div
    {
```

```
        transform:translate3d(10px,20px,30px);
    }
    </style>
<body>
    <div>你好。这是一个 div 元素。</div>
    <div id="div2">你好。这是一个 div 元素。</div>
</body>
```

运行效果如图 10-6 所示。

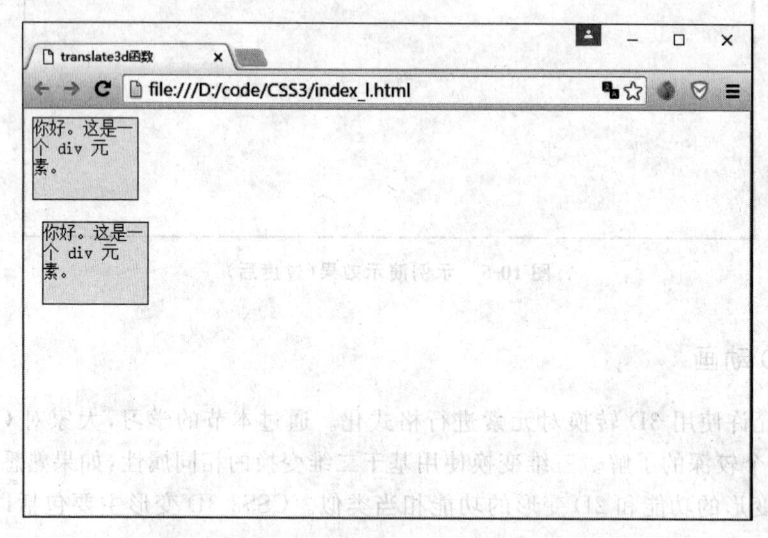

图 10-6 translate3d()函数示例效果

3D 旋转 rotateZ()方法使元素围绕其 z 轴以给定的度数进行旋转，如例 10-7 所示。

```
<!--例 10-7-->
<style type="text/css">
    div
    {
        width:100px;
        height:75px;
        background-color:yellow;
        border:1px solid black;
    }
    div
    {
        transform:rotateZ(140deg);
        -webkit-transform:rotateZ(140deg);      /* Safari and Chrome */
        -moz-transform:rotateZ(140deg);         /* Firefox */
    }
    </style>
<body>
```

```
    <div>你好。这是一个 div 元素。</div>
    <div id="div2">你好。这是一个 div 元素。</div>
</body>
```

运行效果如图 10-7 所示。

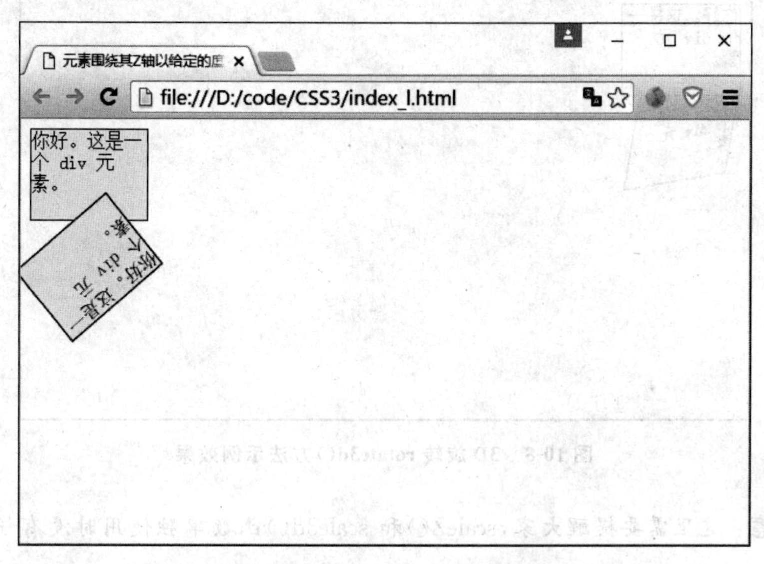

图 10-7 元素围绕 z 轴旋转示例

3D 旋转 rotate3d()方法有 x、y、z 轴以及旋转的度数四个参数，如例 10-8 所示。

```
<!--例 10-8-->
<style type="text/css">
    div
    {
        width:100px;
        height:75px;
        background-color:yellow;
        border:1px solid black;
    }
    div
    {
        transform:rotate3d(1,1,0,45deg);
        -webkit-transform:rotate3d(1,1,0,45deg); /* Safari and Chrome */
        -moz-transform:rotate3d(1,1,0,45deg);    /* Firefox */
    }
</style>
<body>
    <div>你好。这是一个 div 元素。</div>
    <div id="div2">你好。这是一个 div 元素。</div>
</body>
```

运行效果如代码 10-8 所示。

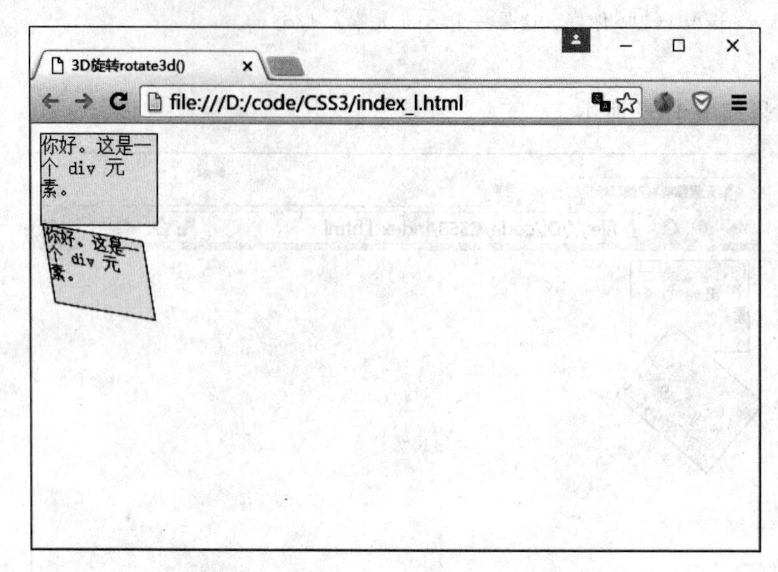

图 10-8　3D 旋转 rotate3d()方法示例效果

注意：这里需要提醒大家，scaleZ()和 scale3d()函数单独使用时没有任何效果，需要配合其他的变形函数一起使用才会有效果。下面来看一个实例，为了能看到 scaleZ()函数的效果，我们添加了一个 rotateX(45deg)函数。

3D 矩阵有一个 3D 矩阵功能函数 matrix3d()，如例 10-9 所示。

```
<!--例 10-9-->
<!DOCTYPE html>
<html lang="en">
    <head>
        <meta charset="UTF-8">
        <title>3D 矩阵功能函数</title>
        <style type="text/css">
            div
            {
                width:100px;
                height:75px;
                background-color:yellow;
                border:1px solid black;
            }
            div
            {
                transform: matrix3d(1.0, 2.0, 3.0, 4.0, 5.0,
                    6.0, 7.0, 8.0, 9.0, 10.0, 11.0, 12.0,
                    13.0, 14.0, 15.0, 16.0) rotate(5deg);
                -webkit-transform: matrix3d(1.0, 2.0, 3.0, 4.0,
```

```
                5.0, 6.0, 7.0, 8.0, 9.0, 10.0, 11.0, 12.0,
                13.0, 14.0, 15.0, 16.0) rotate(5deg);/* Safari and Chrome */
            -moz-transform: matrix3d(1.0, 2.0, 3.0, 4.0, 5.0,
                6.0, 7.0, 8.0, 9.0, 10.0, 11.0, 12.0, 13.0,
                14.0, 15.0, 16.0) rotate(5deg);/* Firefox */
        }
    </style>
</head>
<body>
    <div>你好。这是一个 div 元素。</div>
    <div id="div2">你好。这是一个 div 元素。</div>
</body>
</html>
```

运行效果如图 10-9 所示。

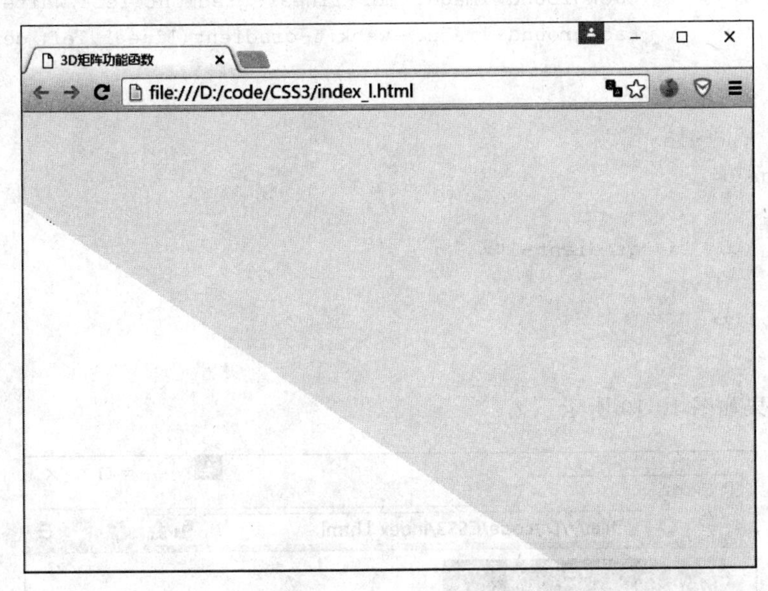

图 10-9　3D 矩阵功能函数

10.3.4　渐变效果

在 CSS 中,渐变被严格地定义为一系列颜色之间的缓慢过渡。CSS 渐变是最近才发展起来的一种技术,但却已经经历许多改变。它们最初是由 Webkit 团队于 2008 年 4 月所提出的,从 HTML5 为 canvas 元素所提议的语法修改而来。2009 年 8 月,Mozilla 宣布将在 Firefox 的下一版本(3.6)实现从 Webkit 修改而来的渐变。Webkit 团队实现了 W3C 的标准属性,该属性带有-webkit-前缀。

1. 线性渐变的基本用法

在线性渐变过程中,颜色沿着一条直线过渡,从左侧到右侧,从右侧到左侧,从顶部到底部,从底部到顶部或沿任意轴。

线性渐变是各种颜色跨过直线上两点之间的距离所产生的一种逐步过渡。最简单的情况是,线性渐变在两种颜色间沿着一条线成比例地变化。

一种简单的自左向右,两种颜色的线性渐变的例子,如例 10-10 所示。

```
<!--例 10-10-->
<!DOCTYPE html>
<html lang="en">
    <head>
        <meta charset="UTF-8">
        <title>径向渐变</title>
        <style type="text/css">
            #gradient-1{
                width: 260px;
                height: 260px;
                background-image:-moz-linear-gradient(left,white,black);
                background-image: -webkit-gradient(linear,left center,
                right center,from(white),to(black));
            }
        </style>
    </head>
    <body>
        <div id="gradient-1">
        </div>
    </body>
</html>
```

运行效果如图 10-10 所示。

图 10-10 自左向右径向渐变示例效果

一个简单的自右上到左下、两种颜色的线性渐变的例子，如下列代码所示。

```
background-image:-moz-linear-gradient(225deg,white,black);
background- image: - webkit - gradient (linear, 100% 0%, 0% 100%, from (white), to
(black));}
```

运行效果如图 10-11 所示。

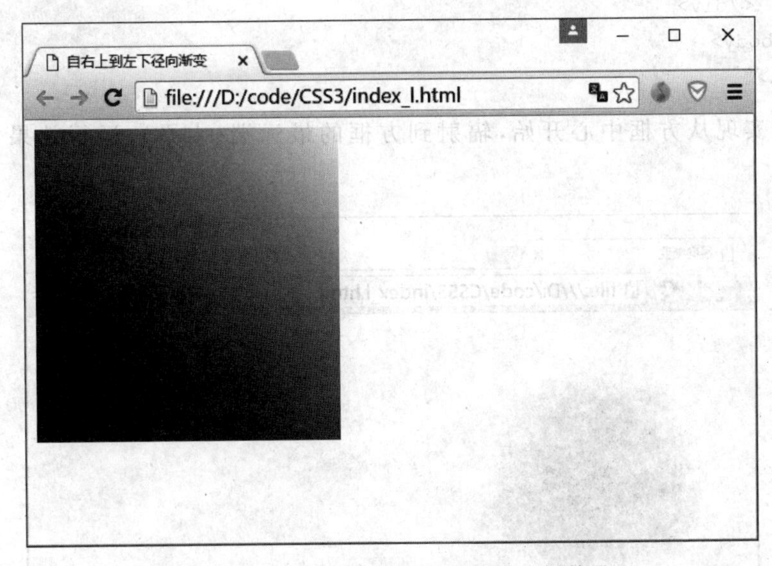

图 10-11 自右上向左下线性渐变示例效果

2. 径向渐变的基本用法

径向渐变比线性渐变更复杂，这里只了解其基本用法以及相关属性参数的作用。径向渐变是一个中心点向所有方向放射状地在各种颜色间逐步进行过渡。最简单的径向渐变是两种颜色在一个圆形或椭圆中逐渐变化。下面通过例 10-11 来加强径向渐变的使用。

```
<!--例 10-11-->
<!DOCTYPE html>
<html lang="en">
   <head>
      <meta charset="UTF-8">
      <title>径向渐变</title>
      <style type="text/css">
         #gradient-5{
            width: 260px;
            height: 260px;
            background-image:
            -moz-radial-gradient(circle,farthest-side,black,white);
            background-image:
            -webkit-gradient(radial,center center,0,center center,
```

```
                95,from(black),to(white));
            }
        </style>
    </head>
    <body>
        <div id="gradient-5" >
        </div>
    </body>
</html>
```

该示例实现从方框中心开始，辐射到方框的最远端（水平），运行效果如图10-12所示。

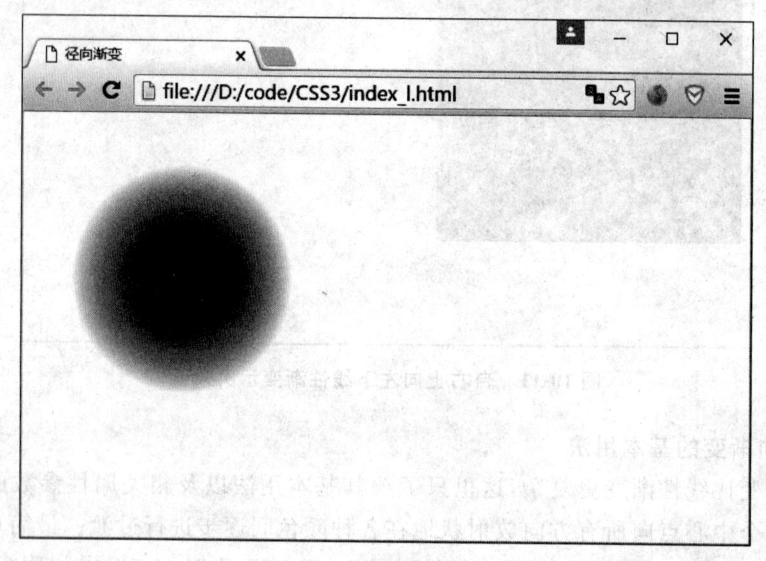

图10-12 径向渐变示例效果

3. 重复渐变的基本用法

线性渐变和径向渐变都属于CSS背景属性中的背景图片（background-image）属性。有时候希望创建一个在元素背景上重复渐变的“模式”。在没有重复渐变的属性之前，主要通过重复背景图像（使用background-repeat）创建线性重复渐变，但是没有创建重复的径向渐变的类似方式。幸运的是，CSS3通过repeating-linear-gradient和repeating-radial-gradient语法提供了补救方法，可以直接实现重复的渐变效果。

通过对渐变进行重复去填充方框，可以在一定程度上解决这一问题。使用重复渐变就需要使用-webkit-前缀，如例10-12所示。

```
<!--例 10-12-->
<!DOCTYPE html>
<html lang="en">
    <head>
        <meta charset="UTF-8">
```

```
        <title>Document</title>
        <style type="text/css">
        #gradient-6{
            width: 260px;
            height: 260px;
            background-image:
            -webkit-repeating-linear-gradient(315deg,black,
            black 2px,white 2px,white 4px);
            background-image:
            repeating-linear-gradient(315deg,black,black 2px,
            white 2px,white 4px);
        }
    </style>
    </head>
    <body>
        <div id="gradient-6">
        </div>
    </body>
</html>
```

运行效果如图 10-13 所示。

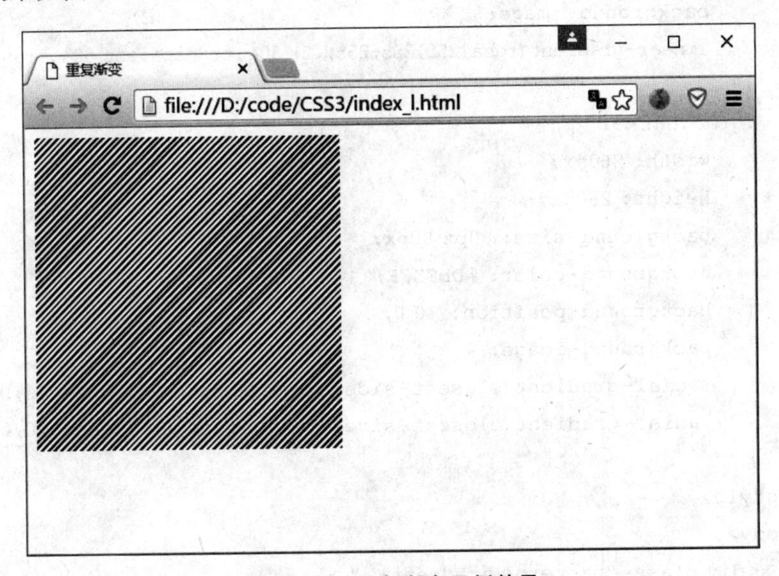

图 10-13 重复渐变示例效果

Web 页面中常用纹理图片制作背景，这通过制图软件很快就能实现，但对于不懂设计的人来说这并不是一件易事。CSS3 渐变特性的出现，可以直接使用代码实现一些纹理背景效果。

例 10-13 是利用 CSS3 渐变制作纹理背景的综合示例。

```
<!--例 10-13-->
<!DOCTYPE html>
<html lang="en">
    <head>
        <meta charset="UTF-8">
        <title>CSS3渐变制作纹理</title>
    </head>
    <style type="text/css">
        .patterns{
            width: 260px;
            height: 260px;
            float: left;
            margin: 10px;
            box-shadow: 0 1px 8px #666;
        }
        .gradient-7{
            width: 260px;
            height: 260px;
            background-size: 50px 50px;
            background-color: #0ae;
            background-image:
            linear-gradient(rgba(255,255,255,.2) 50%,transparent 50%,transparent);
        }
        .gradient-9{
            width: 260px;
            height: 260px;
            background-size: 80px 80px;
            background-color: #DDEEFF;
            background-position:  0 0;
            background-image:
            radial-gradient(closest-side,transparent 98%,rgba(0,0,0,.3) 99%);
            radial-gradient(closest-side,transparent 98%,rgba(0,0,0,.3) 99%);
        }
    </style>
    <body>
        <div class="patterns gradient-7" >
        </div>
        <div class="patterns gradient-9" >
        </div>
    </body>
</html>
```

运行效果如图 10-14 所示。

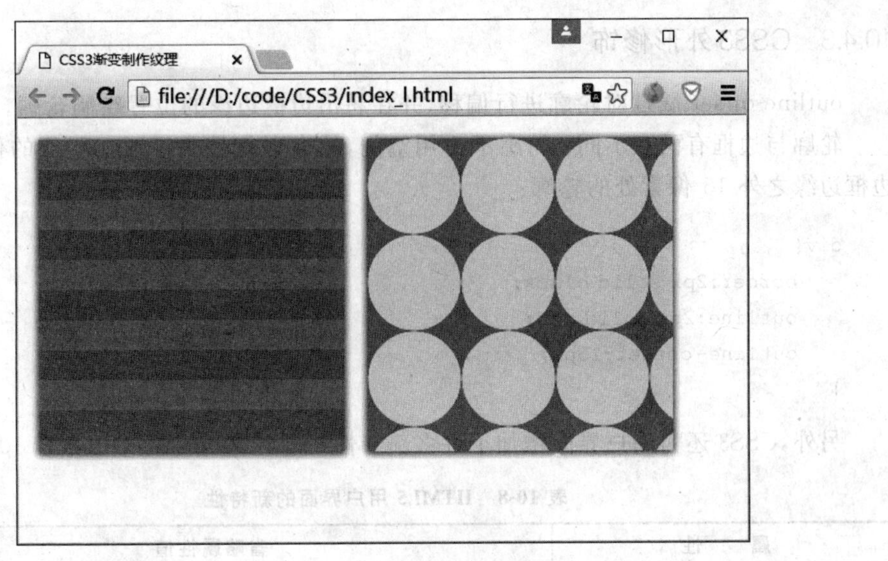

图 10-14 渐变纹理示例效果

10.4 用户界面

在 CSS3 中，增加了一些新的用户界面特性来调整元素尺寸、框尺寸和外边框。本节主要介绍以下三个属性：resize、box-sizing 和 outline-offset。

10.4.1 CSS3 调整尺寸

在 CSS3 中，resize 属性指定一个元素是否应该由用户去调整大小。下面代码由用户指定一个 div 元素尺寸大小。

```
div{
    resize:both;
    overflow:auto;
}
```

10.4.2 CSS3 方框大小调整

box-sizing 属性允许以确定的方式定义适应某个区域的具体内容。下面代码中规定两个并排的带边框方框：

```
div{
    box-sizing:border-box;
    -moz-box-sizing:border-box; /* Firefox */
    width:50%;
    float:left;
}
```

10.4.3 CSS3外形修饰

outline-offset 属性对轮廓进行偏移,并在超出边框边缘的位置绘制轮廓。

轮廓与边框有两点不同:轮廓不占用空间,轮廓可能是非矩形。下面的代码中规定边框边缘之外 15 像素处的轮廓:

```
div{
    border:2px solid black;
    outline:2px solid red;
    outline-offset:15px;
}
```

另外,CSS3 还为用户界面增加了许多新特性。这些新特性的作用如表 10-8 所示。

表 10-8 HTML5 用户界面的新特性

属　性	省略属性值
appearence	允许使一个元素的外观像一个标准的用户界面元素
box-sizing	允许为适应区域而用某种方式定义某些元素
icon	为创作者提供了将元素设置为图标等的能力
nav-down	指定在何处使用箭头向下导航键时进行导航
nav-index	指定一个元素的 Tab 顺序
nav-left	指定在何处使用左侧的箭头导航键进行导航
nav-right	指定在何处使用右侧的箭头导航键进行导航
nav-up	指定在何处使用箭头向上导航键时进行导航
outline-offset	外轮廓修饰并绘制超出边框的边缘
resize	指定一个元素是否是由用户调整大小

10.5 页面布局

本节针对 CSS3 中的布局做详细介绍,主要介绍多栏布局与盒布局。CSS3 页面布局是一款响应式的盒子布局,单击其中的一个盒子可切换到全屏视图,其他的盒子会自动收缩和隐藏。

10.5.1 多栏布局

使用 float 属性或 position 属性进行页面布局时有一个比较明显的缺点,就是第一个 div 元素与第二个 div 元素是各自独立的,因此如果在第一个 div 元素中加入一些内容的话,将使得两个元素的底部不能对齐,导致页面中多处一块空白区域。针对这个缺点,在 CSS3 中加入了多栏布局方式。使用多栏布局可以将一个元素中的内容分成两栏或多栏显示,如例 10-14 所示。

```
<!--例 10-14-->
<!DOCTYPE html>
<html lang="en">
    <head>
        <meta charset="UTF-8">
        <title>使用多栏布局</title>
        <style type="text/css">
            div{
                width:40em;
                -moz-column-count:2;
                -webkit-column-count:2;
            }
            div{
                width:100%;
                background-color:yellow;
                height:260px;
            }
        </style>
    </head>
    <body>
        <div id="div1">
            <img src="Images/12354.jpg">
            <p>示例文字 1 示例文字 1 示例文字 1 示例文字 1。
                示例文字 1 示例文字 1 示例文字 1 示例文字 1。
                示例文字 1 示例文字 1 示例文字 1 示例文字 1。
                示例文字 1 示例文字 1 示例文字 1 示例文字 1。
            </p>
            <p>示例文字 2 示例文字 2 示例文字 2 示例文字 2。
                示例文字 2 示例文字 2 示例文字 2 示例文字 2。
                示例文字 2 示例文字 2 示例文字 2 示例文字 2。
                示例文字 2 示例文字 2 示例文字 2 示例文字 2。
            </p>
        </div>
        <br>
        <div id="div3">
            其他内容
        </div>
    </body>
</html>
```

运行效果如图 10-15 所示。

提示：在 CSS3 中，通过 column-count 属性来使用多栏布局方式，该属性的含义是将一个元素中的内容分为多栏显示。

10.5.2 盒布局

使用盒布局可以解决使用 float 和 position 属性时左右两栏或多栏中底部不能对齐的问

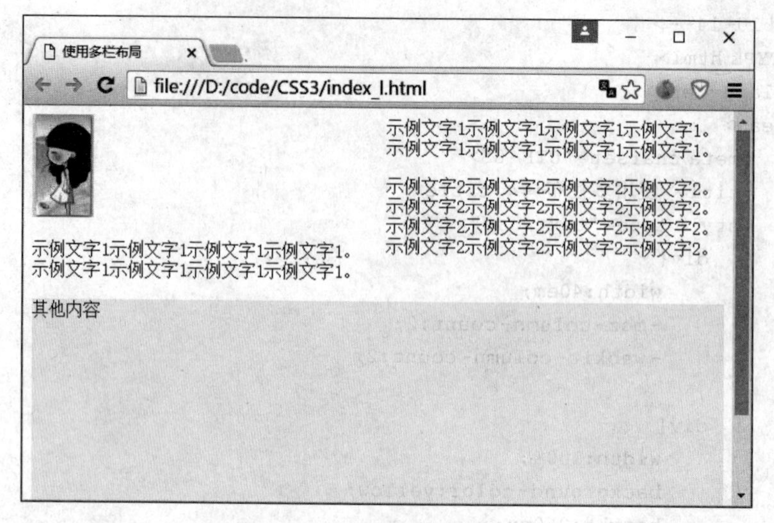

图 10-15　多栏布局示例效果

题。CSS3 通过 box 属性来使用盒布局。盒布局与多栏布局的区别在于：使用多栏布局时，各栏宽度必须是相等的，在指定每栏宽度时，也只能为所有栏指定一个统一的宽度。

弹性盒布局模型是 CSS3 规范中提出的一种新的布局方式。该布局模型的目的是提供一种更加高效的方式来对容器中的条目进行布局、对齐和分配空间。这种布局方式在条目尺寸未知或动态时也能工作。这种布局方式已经被主流浏览器所支持，可以在 Web 应用开发中使用。下面详细介绍该布局模型以及如何在具体开发中应用该布局模型来简化常见的页面布局场景。

(1) flex 容器。其语法格式如下：

```
display: flex | inline-flex; (适用于父类容器元素上)
```

上面代码定义一个 flex 容器，内联或者根据指定的值，来作用于下面的子类容器。

属性值的说明如下所示：

- box：将对象作为弹性伸缩盒显示。
- inline-box：将对象作为内联块级弹性伸缩盒显示。
- flexbox：将对象作为弹性伸缩盒显示。
- inline-flexbox：将对象作为内联块级弹性伸缩盒显示。
- flex：将对象作为弹性伸缩盒显示。
- inline-flex：将对象作为内联块级弹性伸缩盒显示。

(2) flex-grow (适用于弹性盒模型容器子元素)设置或检索弹性盒的扩展比率(根据弹性盒子元素所设置的扩展因子作为比率来分配剩余空间)。定义如下。

```
flex-grow: <number>
```

属性值的说明如下所示：

- ＜number＞：用数值来定义扩展比率。不允许负值。

flex-grow 的默认值为 0，如果没有显式定义该属性，是不会拥有分配剩余空间权利的。

(3) flex-shrink（适用于弹性盒模型容器子元素）设置或检索弹性盒的收缩比率（根据弹性盒子元素所设置的收缩因子作为比率来收缩空间）。定义如下。

```
flex-shrink: <number>
```

flex-shrink 的默认值为 1，如果没有显示定义该属性，将会自动按照默认值 1 在所有因子相加之后计算比率来进行空间收缩。

(4) flex-basis（适用于弹性盒模型容器子元素）设置或检索弹性盒伸缩基准值。

```
flex-basis: <length> | auto | <percentage>
```

属性值的说明如下：

- auto：无特定宽度值，取决于其他属性值。
- <length>：用长度值来定义宽度。不允许负值。
- <percentage>：用百分比来定义宽度。不允许负值。

(5) flex（适用于弹性盒模型子元素）复合属性。设置或检索伸缩盒对象的子元素如何分配空间。

如果缩写 flex：1，则其计算值为：1 1 0。定义如下。

```
flex:none | [ flex-grow ] || [ flex-shrink ] || [ flex-basis ]
```

属性值的说明如下：

- none：none 关键字的计算值为：0 0 auto。
- [flex-grow]：定义弹性盒子元素的扩展比率。
- [flex-shrink]：定义弹性盒子元素的收缩比率。
- [flex-basis]：定义弹性盒子元素的默认基准值。

(6) flex-direction（适用于父类容器的元素上）设置或检索伸缩盒对象的子元素在父容器中的位置。定义如下。

```
flex-direction: row | row-reverse | column | column-reverse
```

属性值的说明如下：

- row：横向从左到右排列（左对齐），默认的排列方式。
- row-reverse：反转横向排列（右对齐），从后往前排，最后一项排在最前面。
- column：纵向排列。
- row-reverse：反转纵向排列，从后往前排，最后一项排在最上面。

注意：要使 flex 生效，需定义其父元素 display 为 flex。

10.6 上机练习

下面根据页面布局创建的一个简单的布局实例，代码如例 10-15 所示。

```
<!--例 10-15-->
<!DOCTYPE html>
```

```
<html>
    <head>
        <style type="text/css">
            div{
                background-color:#12abab;
            }
            div{
                background-color:#ff1f99;
                height:500px;
                width:10%;
                float:left;
            }
            div{
                background-color:#EfEE3E;
                height:500px;
                width:90%;
                float:left;
            }
            div{
                background-color:#99bbbb;
                height:100px;
                width:100%;
                clear:both;
                text-align:center;
            }
            h1 {
                margin-bottom:0;
            }
            h2 {
                margin-bottom:0;
                font-size:14px;
            }
            ul{
                margin:0;
            }
            li {
                list-style:none;
            }
        </style>
    </head>
    <body>
        <div id="container">
        <div id="header">
            <h1>My name is ###</h1>
```

```
        </div>
        <div id="menu">
            <h2></h2>
            <ul>
                <li></li>
                <li></li>
                <li></li>
            </ul>
        </div>
        <div id="content"></div>
            <div id="footer"></div>
        </div>
    </body>
</html>
```

运行效果如图10-16所示。

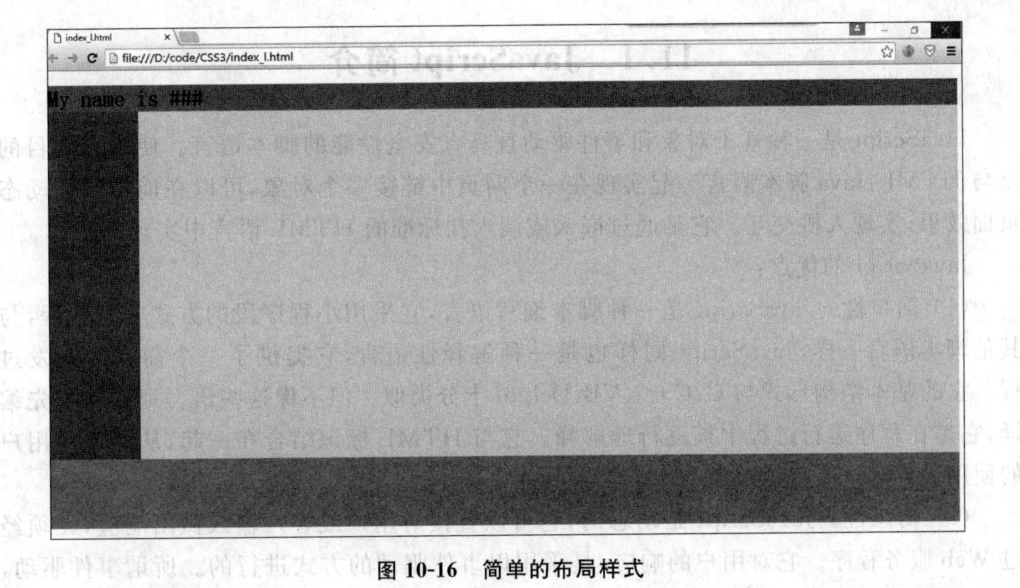

图10-16 简单的布局样式

10.7 本章小结

本章主要介绍CSS3的高级应用。重点内容如下：

(1) 块级元素的设置。

(2) 动画设计中的2D、3D动画。

(3) CSS3动画的渐变效果分为线性渐变、径向渐变、重复渐变以及纹理渐变。

(4) 响应式页面布局允许页面随显示环境的改变进行放大或缩小。

第 11 章 JavaScript 基础语法

学习本章的目的是了解 JavaScript 的一些基本语法，为实现 Web 前端的一些简单效果打下基础。

本章重点

- 掌握 JavaScript 实现输出和语句
- 掌握 JavaScript 的对象和函数

11.1 JavaScript 简介

JavaScript 是一种基于对象和事件驱动且具有安全性能的脚本语言。使用它的目的是与 HTML、Java 脚本语言一起实现在一个网页中链接多个对象，可以在前端制作动态页面效果，实现人机交互。它是通过嵌入或调入在标准的 HTML 语言中实现的。

JavaScript 的优点：

(1) 简单性。JavaScript 是一种脚本编写语言，它采用小程序段的方式实现编程，与其他脚本语言一样，JavaScript 同样也是一种解释性语言，它提供了一个简易的开发过程。它的基本结构形式与 C、C++、VB、Delphi 十分类似。但不像这些语言那样需要先编译，它是在程序运行过程中被逐行地解释。它与 HTML 标识结合在一起，从而方便用户的使用操作。

(2) 动态性。JavaScript 是动态的，它可以直接对用户或客户输入做出响应，无须经过 Web 服务程序。它对用户的响应，是采用以事件驱动的方式进行的。所谓事件驱动，就是指在主页中执行了某种操作所产生的动作，就称为“事件”，例如按下鼠标、移动窗口、选择菜单等都可以视为事件。当事件发生后，可能会引起相应的事件响应。

11.2 JavaScript 的使用

11.2.1 将 JavaScript 插入网页的方法

与在网页中插入 CSS 的方式相似，使用<script>标签可以在网页中插入 JavaScript 代码，如下所示：

```
<!--下面的代码表示插入 JavaScript 的格式-->
<script type="text/javascript">
```

```
    ...
</script>
```

有些浏览器可能不支持JavaScript，可以隐藏JavaScript代码，如例11-1所示。

```
<!--例 11-1 -->
<!DOCTYPE html>
<html>
    <head>
        <meta charset="utf-8">
        <script type="text/javascript">
            <!--
            function disp_alert()
            {
                alert("我是警告框!!"+'\n'+"hhah")//有换行
            }
            //-->
        </script>
    </head>
    <body>
        <input type="button" onclick="disp_alert()" value="显示警告框" />
    </body>
</html>
```

在浏览器中预览网页效果如图11-1所示。

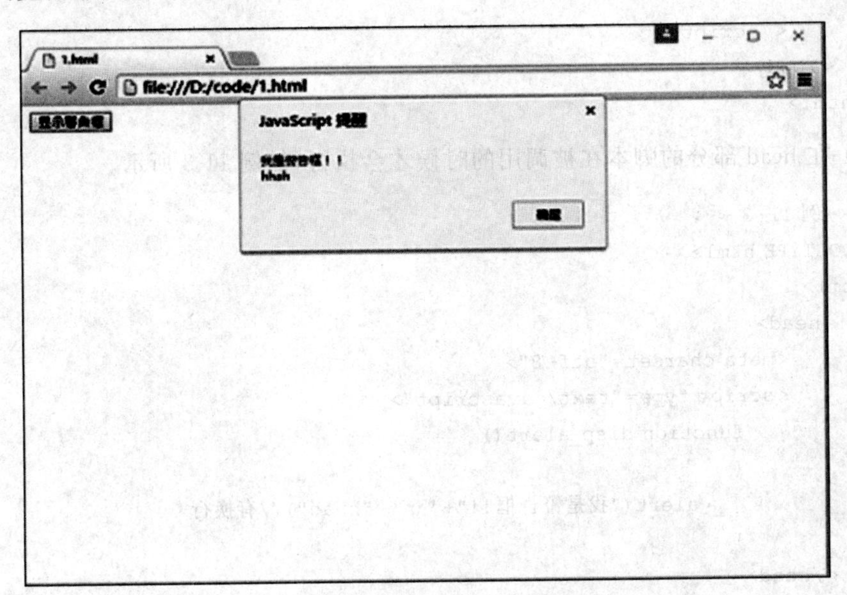

图11-1 隐藏JavaScript代码的演示效果

<!-- -->里的内容对于不支持JavaScript的浏览器来说就等同于一段注释，而对于支持JavaScript的浏览器，这段代码仍然会执行。“//”符号是JavaScript里的注释符号，

在这里添加它是为了防止 JavaScript 试图执行-->。通常情况下，现在的浏览器几乎都支持 JavaScript，即使是不支持的，也会了解如何合理地处理含有 JavaScript 的网页。

JavaScript 的插入位置不同，效果也会有所不同，还可以像 CSS 一样，将 JavaScript 保存成一个外部文件，这些内容会在下一节讨论。

11.2.2 JavaScript 的位置

JavaScript 脚本可以放在网页的 head 元素里或者 body 元素内，而且效果也不相同。

(1) 放在 body 部分的 JavaScript 脚本在网页读取到该语句的时候就会执行，如例 11-2 所示。

```
<!--例 11-2 -->
<!DOCTYPE html>
<html>
    <head>
        <meta charset="utf-8">
    </head>
    <body>
        <input type="button" onclick="disp_alert()" value="显示警告框" />
        <script type="text/javascript">
            function disp_alert()
            {
                alert("我是警告框!!"+'\n'+"hhah")//有换行
            }
        </script>
    </body>
</html>
```

(2) 在 head 部分的脚本在被调用的时候才会执行，如例 11-3 所示。

```
<!--例 11-3 -->
<!DOCTYPE html>
<html>
    <head>
        <meta charset="utf-8">
        <script type="text/javascript">
            function disp_alert()
            {
                alert("我是警告框!!"+'\n'+"hhah")//有换行
            }
    </head>
    <body>
        <input type="button" onclick="disp_alert()" value="显示警告框" />
        </script>
    </body>
```

```
</html>
```

(3) 也可以像添加外部 CSS 一样添加外部 JavaScript 脚本文件，其后缀通常为. js，如例 11-4 所示。

```
<!--例 11-4 -->
<!DOCTYPE html>
<html>
    <head>
        <meta charset="UTF-8">
        <script src="scripts.js">
        </script>
    </head>
    <body>
        <input type="button" onclick="disp_alert()" value="显示警告框" />
    </body>
</html>
```

引入外部 scripts. js 的代码如下。

```
function disp_alert()
{
    alert("我是警告框!!"+'\n'+"hhah")//有换行
}
```

11.3　JavaScript 变量

11.3.1　变量的类型及声明

1. 什么是变量

JavaScript 变量用于保存值或表达式。可以给变量起一个简短名称，例如 x，或者更有描述性的名称，例如 length。

2. JavaScript 变量的命名规则

(1) 变量名区分大小写，A 与 a 是两个不同变量。

(2) 变量名必须以字母或者下画线开头。

注意：由于 JavaScript 对大小写敏感，变量名也对大小写敏感。

3. 声明(创建)JavaScript 变量

在 JavaScript 中创建变量经常被称为“声明”变量。可以通过 var 语句来声明 JavaScript 变量：

```
var x; var carname;
```

在以上声明之后，变量并没有值，不过可以在声明它们时为变量赋值：

```
var x=5; var carname="Volvo";
```

4. 变量赋值

(1) 通过赋值语句为 JavaScript 变量赋值:

```
x=5; carname="Volvo";
```

变量名在等号的左边,而需要向变量赋的值在等号的右侧。

在以上语句执行后,变量 x 中保存的值是 5,而 carname 的值是 Volvo。

(2) 向未声明的 JavaScript 变量赋值。如果所赋值的变量还未进行过声明,该变量会自动声明。

```
x=5; carname="Volvo";
```

上面语句与下面这些语句的效果相同:

```
var x=5; var carname="Volvo";
```

5. 变量的数据类型

在 JavaScript 中,变量是无所不能的容器,可以将任何东西存储在变量里,例如:

```
var quanNeng1=123;                                //数字
var quanNeng2="一二三";                           //字符串
```

其中,quanNeng2 这个变量存储了一个字符串,字符串需要用一对引号括起来。变量还可以存储更多的东西,例如数组、对象、布尔值等,我们会在后面介绍这些内容。

6. 与变量相关的性能问题

变量在声明完之后,就会被缓存到 JavaScript 文件中,于是就能反复使用它了。这是一种提高性能与维护性的好办法。与其把同一个字符串反复输出多次。不如一次就将它声明好,缓存起来,然后在需要的时候反复引用。由于获取变量的缓存微乎其微,所以从原则上讲,只要某个数据的使用次数大于 1,就应该将其存入变量。

11.4 JavaScript 数据类型

JavaScript 是一种清晰易懂的编程语言,它实现了脚本语言所需的功能,然而在某些方面也存在着一些容易混淆的地方,例如 JavaScript 有几种简单的数据类型:未定义、布尔型、字符型和数值型等。下面在介绍数据类型相关内容的基础上依次介绍一下这几种数据类型。

11.4.1 数据类型的相关内容

(1) typeof。涉及到数据类型,不免会提到操作符 typeof。

虽然我们经常使用 typeof()的方式获取对象的数据类型。但对 null 取 typeof 是 object(这是因为 null 是空的对象引用),对函数取 typeof 是 function。

```
alert(typeof null);                    //返回 object
function demo(){
    alert('demo');
}
alert(typeof demo);                    //返回 function
```

(2) 为各种数据类型的对象变量设置初始值。如果 Object 类型的对象变量开始不知道赋值什么，不要用 var demo={};最好是设置成 null。

```
var d2=null;
d2={'key':"shit"};
var d3='';                             //字符串默认
var d4=0;                              //Number 类型初始值设置为 0
var d5=null;                           //对 object 类型设置初始默认值
```

11.4.2　数据类型

1. 未定义类型

未定义的值就是 undefined，注意，u 是小写的。如果声明变量却没有初始化，则当前变量的值就是 undefined。不过，一般建议尽量给变量初始化，但是在早期的 Javascript 版本中是没有规定 undefined 这个值的，所以在有些框架中为了兼容旧版浏览器，会给 window 对象添加 undefined 值，如下所示。

```
window['undefined']=window['undefined'];
//或者
window.undefined=window.undefined;
```

简单地说就是给 window 对象的 undefined 属性赋上 undefined，在早期的浏览器对象并没有 undefined 这个属性，所以如果使用到 undefined 的操作将会导致失常，故采用这样的方式，不过一开始看会有点难理解，在旧版本的浏览器中会因为没有 window.undefined 这个对象而返回一个 undefined 值，所以这样做可以兼容旧浏览器。

不过包含 undefined 值的变量与未定义的变量是不一样的，如：

```
var name;
alert(name);                           //undefined
alert(age);                            //错误:age is not defined
```

还没声明过的变量只能执行一项操作，其他全都不能做，就是使用 typeof 操作符检测其数据类型。

2. 布尔类型

在 JavaScript 中布尔类型还是常用的一种简单数据类型，它有两个值，分别是 true 和 false，因为在 JavaScript 中字母是区分大小写的，所以 True 和 False 不是布尔的值。

可以通过如下方式给布尔类型的变量赋值：

```
var testBoolean=true;
var testBoolean1=false;
```

调用 Boolean()方法可以将任何类型的值转化成与之相对应的布尔类型的值，也就是可以将其转化成 true 或者 false。

3. 字符类型

字符类型用于表示由零或多个 16 位 Unicode 字符组成的字符序列，即字符串。字符串可以由单引号(')或双引号(")表示。

```
var str1="Hello";
var str2='Hello';
```

任何字符串的长度都可以通过访问其 length 属性获得：

```
alert(str1.length);                    //输出 5
```

JavaScript 中的字符串是不可变的，其实这跟 C# 中是一样的，字符串一旦创建，它们的值就不能改变，要改变某个变量保存的字符串，首先要销毁原来的字符串，然后再用另一个包含新值的字符串填充该变量。

```
var name="jwy";
name="jwy"+"study JavaScript";;
```

这里一开始 name 是保存字符串"jwy"的，第二行代码则将"jwy"+"study JavaScript"值重新赋给 name，它先销毁原来的字符串创建一个能容纳这个长度的新字符串，然后填充。

```
var age=11;
var ageToString=age.toString();//"11"
```

4. 数值类型

数值类型也是 JavaScript 中的基本数据类型。在 JavaScript 中的数字不区分整型和浮点型，所有的数字都是以浮点型来表示的。在 JavaScript 中数字的有效范围为 10^{-308} 到 10^{308} 之间。除了常用的数字之外，JavaScript 还支持以下两种特殊的数值。

(1) Infinity：当 JavaScript 中的使用数字大于其所能表示的最大值时，就会将其输出为 Initially，即最大的意思。当然，如果 JavaScript 中使用的数字小于其所能表示的最小值时，也会输出 Initially。

(2) NaN：JavaScript 中的 NaN 是"Not a Number"的意思。通常是在进行数学运算时产生了未知的结果或错误，JavaScript 就会返回 NaN，这就代表着数学运算的结果是一个非数字的特殊情况。

注意：NaN 是一个很特殊的数字，不会和任何数字相等，(包括字符串 NaN)。在 JavaScript 中只能使用 isNaN()函数来判断运算结果是不是 NaN。

除了 Initially 和 NaN 之外，JavaScript 还可以使用 Number 对象来表示特殊的数值，这些属性与其所代表的数值如表 11-1 所示。

表 11-1　Number 对象代表的数值

语　法	数　值
Number. MAX_VALUE	用来表示 JavaScript 中的最大值,即 1.7976931348623157e+308
Number. MIN_VALUE	用来表示 JavaScript 中的最小的数字即 5e-324
Number. NaN	用来表示特殊的非数字值
Number. POSITIVE_INFINITY	用来表示正无穷大的数值

5. Object 类型

Object 类型是一种复杂数据类型,它可以是任何数据类型的数据,在编译时如果不知道变量可能指向哪种数据类型时,请使用 Object。Object 中的数据是已命名的数据,通常作为对象的属性来使用。

6. 函数类型

函数(function)是一段可执行的 JavaScript 代码,函数具有一次定义使用的特点。在 JavaScript 中的函数可以带有 0 个或多个参数,在函数体中执行 JavaScript 代码后,也可以返回一个值或不返回值。

在 JavaScript 中的函数也是一个数据类型,因此,可以像其他的数据一样赋值给变量或对象的属性。

```
Function sum(num1,num2)
{
    return num1+num2;
}
```

11.5　JavaScript 运算符和表达式

表达式与运算符是一个程序的基础,JavaScript 中的表达式和运算符与 C 语言、C++ 的表达式和运算符十分相似。

11.5.1　表达式

表达式是 JavaScript 语言中的一个语句。该语句可以是常量或变量,也可以是由常量、变量加上一些运算符组成的语句。表达式可以分为如下 3 种。

(1) 常量表达式。常量表达式就是常量本身,例如:

```
"JavaScript"
1.3415926
Value;
```

(2) 变量表达式。变量表达式就是变量的值,例如:

```
X
Y;
```

(3) 复合表达式。复合表达式是由常量、变量加上一些运算符组成的表达式，例如：

```
X+Y
5+6
(X+Y)+(5+6)
```

表达式按其运算结果又可以分为以下3种。

(1) 算术表达式：运算结果为数字的表达式。

(2) 字符串表达式：运算结果为字符串的表达式。

(3) 逻辑表达式：运算结果为布尔值的表达式。

11.5.2 运算符

大多数运算符是由处理数据的符号组成，也有一部分由关键字组成。根据运算符的功能来分，运算符的种类如表11-2所示。

表11-2 运算符的种类

运 算 符	功 能
算术运算符	返回结果为数字型的运算符
比较运算符	比较两个操作值，并返回布尔值的运算符
赋值运算符	按位操作的运算符
位运算符	用来表示正无穷大的数值
特殊操作符	以上所有运算符之外的其他操作符

1. 算术运算符

数值计算常常要使用算术操作符，它可以用于给变量赋值，或者作为函数或方法的参数。算术操作符的两边是一个操作数(操作数是在执行算术运算时所需要的数值)，并产生一个新结果。

表达式中经常用到的算术运算符如表11-3所示。

表11-3 常用算术运算符

运 算 符	含 义	运 算 符	含 义
+	加法运算	++	增量运算
-	减法运算	--	减量运算
*	乘法运算	+val	取正运算
/	除法运算	-val	取负运算
%	取余运算		

加减乘除运算都比较简单，在此主要介绍以下的几个运算符：

(1) %取余运算。取余运算可用于确定一个数是否被另一个数整除。取余的运算结果为一个数被另一个数整除之后的余数：

```
a=b %c
a=  5 %2                //得到的余数为 1
```

(2) ++增量运算。增量运算是一个单目运算符，要根据它在操作数的前面还是后面执行两个不同的操作。例如，如果在操作数的前面，则先给右操作数加 1，再将其复制给变量，如下所示：

```
z=  ++a;
z=++5;                  //结果为 6
```

先给 a 加 1，然后再赋值给 z，如果 a 开始赋值为 5，则执行运算符之后，a 的值为 6，而 z 的值为 6。

如果在操作数的前面，则先将其复制给变量，再给右操作数加 1：

```
z=  a++;
z=5++;                  //结果为 5
```

先赋值给 z 再加 1，如果 a 开始赋值为 5，则执行运算符之后，a 的值为 6，而 z 的值为 5。

(3) ——减量运算。减量运算与增量运算操作相同，只是在执行操作时，执行减 1 操作。例如，如果在操作数的前面，则先给右操作数减 1，再将其复制给变量，如下所示：

```
z=  --a;
z=--5                   //结果为 4
```

先给 a 减 1，然后再赋值给 z，如果 a 开始赋值为 5，则执行运算符之后，a 的值为 4，而 z 的值为 4。

如果在操作数的前面，则先将其复制给变量，再给右操作数减 1：

```
z=  a--;
z=5--;                  //结果为 5
```

先赋值给 z 再减 1，如果 a 开始赋值为 5，则执行运算符之后，a 的值为 4，而 z 的值为 5。

(4) +val 取正运算。取正运算即无论输入的为正数还是负数，执行运算符之后，输出的结果均为正数。

(5) -val 取负运算。取负运算即无论输入的为正数还是负数，执行运算符之后，输出的结果均为负数。

2. 比较运算符

在 JavaScript 中，只要比较两个值，结果就是布尔值 true 或 false。根据对两个操作符行的测试类型，可从大量的比较运算符中选择一个，如表 11-4 所示。

表 11-4 JavaScript 的比较运算符

语法	名　称	操作类型	结　果	浏　览　器
＝＝	等于	所有	Boolean	所有
！＝	不等	所有	Boolean	所有
＝＝＝	严格相等	所有	Boolean	IE4,NN4,Moz＋,W3C
！＝＝	严格不等	所有	Boolean	IE4,NN4,Moz＋,W3C
＞	大于	所有	Boolean	所有
＞＝	大于或等于	所有	Boolean	所有
＜	小于	所有	Boolean	所有
＜＝	小于或等于	所有	Boolean	所有

3. 字符串运算符

字符串运算符比较简单，只有＋运算符，该运算符的作用是连接两个字符串。例如：

```
var x="hello";
var y="world";
var z=x+y;
document.write(z);
```

输出结果为：

```
z="hello world"
```

4. 赋值运算符

在 JavaScript 中，只要将一个值或表达式的结果复制给变量，用于进一步处理，就要使用赋值运算符。

JavaScript 的赋值操作符如表 11-5 所示。

表 11-5 JavaScript 的赋值操作符

语法	名　称	示　例	含　义
％＝	取模并赋值	x％＝y	x＝x％y
＜＜＝	左移并赋值	x＜＜＝y	x＝x＜＜y
＞＝	右移并赋值	x＞＝y	x＝x＞y
＞＞＝	填充 0 并赋值	x＞＞＞＝y	x＝x＞＞＞y
&＝	按位"与"并赋值	x&＝y	x＝x&y
|＝	按位"或"并赋值	x|＝y	x＝x|y
^＝	按位"异或"并赋值	x^＝y	x＝x^y
[]＝	解构并赋值	[a,b]＝[c,d]	A＝c,b＝d

如上面所示，除了简单的等号外，使用其他赋值操作符可以少输入一些字符，特别是许多值要在一系列语句中结合在一起的时候。

5. 位运算符

位运算符将把操作数当作 32 位的二进制数（由 0 和 1 组成），然后按位对结果执行操作，运算符的类型决定了操作的类型，如表 11-6 所示。

表 11-6　位操作符的类型

运算符	含　义
&	按位与操作，只有当两个操作数都为 1 的时候，结果才是 1
|	按位或操作，只有任意一个操作数为 1，结果就是 1
^	按位异或操作，只有当操作数不同的时候结果才是 1；如果两个操作数都是 1 或都是 0，那么结果为 0；否则结果为 1
～	按位非操作，按位返回相反的结果，即 1 返回 0，0 返回 1

6. 特殊运算符

(1) 逗号运算符。逗号运算符的作用是分隔两个操作数，通常逗号操作符都与 for 语句结合使用。例如：

```
for (var i=0,j=0; i<length; i++;j+5){
    ...
}
```

(2) typeof 运算符。Typeof 运算符作用于操作数之前，该操作数可以是一个任何类型的操作，typeof 运算符可以返回一个字符串，该字符串说明操作数是什么类型。

因为变量不仅能包含上述任一种数据类型，还可在运行期间改变数据类型，所以研究 JavaScript 的数据类型很有帮助。根据值的类型，脚本可能需要采用不同方式处理该值，typeof 属性常用作条件的一部分，例如：

```
if(typeof  myVal  =="number")
{
    myVal=parseInt(myVal);
}
```

typeof 操作的值是一个字符串。

(3) void 运算符。void 运算符可以作用在任何类型的操作数之前。void 运算符可以让操作数进行运算，但是却舍弃运算之后的结果，通常为 HTML 标记的 href 和 src 提供参数，如链接。

语法如下：

```
JavaScript: void dosomething();
```

例如：

```
href="javascript:void (0)"
```

void 操作符保证函数或表达式不返回 HTML 特性使用的值。

(4) 条件运算符。条件运算符必须有 3 个操作数：第一个操作数位于“?”之前；第二个操作数位于“?”和“:”之间；第 3 个操作数位于“:”之后。根据表达式条件的结果将两个操作数的其中一个的值赋值给变量。

```
X ?Y : Z
```

后面的两个操作数可以包含任何 JavaScript 语句，可以调用其他任何函数，甚至可将条件运算符嵌套在一个操作数中，达到与 if…else 嵌套结构等价的效果，为了保证嵌套条件的正确性，用括号将内部表达式括起，确保它们在外部表达式之前求值。例如：

```
Var  a=(b <=10)?"c" : ((b <=20) ?"e"; "f";);
```

执行该语句时先计算第一个冒号右边的内部条件表达式，返回 e 或 f 值；然后计算外部的条件表达式，返回 c 或内部条件表达式的结果。

11.6 JavaScript 控制语句

JavaScript 的控制语句包括以下几种类型：赋值语句、条件语句、Swith 语句和循环语句等。每种类型的语句都非常直观，简单易懂。然而，与学习其他编程语言一样，掌握 JavaScript 的这些语句并不难，但要将这些语句组合使用则需要一定的技巧。

1. 赋值语句

JavaScript 中最常见的语句就是赋值语句。赋值语句是由左边的变量，紧跟着的赋值运算符(=)以及右边的数值组成。最常见的赋值语句为单赋值语句即一行赋值语句中只有一个变量名称和一个数值。例如：

```
Var str='henan';
```

另外还有多赋值语句，可以将多条单赋值语句放到一行用分号隔开，例如：

```
Var str=henan;    var nvalue='xinxiang';
```

也可以用逗号隔开多个变量的赋值，例如：

```
Var value1,
value2=3;
```

2. 条件控制语句

if 语句由关键字“if”开始，后面跟随一个逻辑表达式。if 语句根据该逻辑表达式的值来决定哪些语句会被执行。if 语句可以单独使用，也可以配合关键字“else”使用。下面，先介绍 if 语句的单独使用的方式：

(1) 第 1 种表达方式——if

第 1 种表达方式 if 的格式如下：

```
if  (条件表达式)
{
    语句
}
```

其含义如下：如果条件表达式为真(非 0 值)，就执行后面的语句；如果条件表达式为假(0 值)，就不执行后面的语句。下面的实例定义了两个整型变量 a 和 b，通过比较它们

的大小，求出较大者。

```
int  a, b, max;
a=4;                      //a 赋初值为 4
b=2;                      //b 赋初值为 2
max=a;                    //假设 a 是 a、b 两者之间较大的数
if  (a<b)                 //判断 a 是否小于 b
{                         //如果表达式为真，b 就是最大值
    max=b;
}
```

(2) 第 2 种表达方式——if…else

第 2 种表达方式需要配合“else”使用。由于第 1 种表达方式只处理条件表达式为真的情况，如果还要处理条件表达式为假的情况，那么就需要使用第 2 种表达方式：if…else。其格式如下：

```
if  (条件表达式)
{
    语句 1
}
else
{
    语句 2
}
```

其含义如下：如果条件表达式为真(非 0 值)，就执行后面的语句 1；如果条件表达式为假(0 值)，就跳过语句 1，执行语句 2。

下面的实例同样还是定义两个整型变量 a 和 b，并比较它们的大小，求出较大者。

```
int  a, b, max;
a=4;
b=2;
if  ( a <b )              //判断 a 是否小于 b
{                         //第一个程序段
    max=b;                //如果表达式 a <b 为真，则 b 为最大值
}
else
{                         //第二个程序段
    max=a;                //如果表达式 a <b 为假，则 a 为最大值
}
```

(3) 第 3 种表达方式——if…else if

第 2 种表达方式只能判断一个条件，如果有两个或多个条件需要判断就不能满足要求了。第 3 种表达方式 if…else if 可以解决这个问题，其格式如下：

```
if  (条件表达式 1)
```

```
{
    语句 1
}
else if  (条件表达式 2)
{
    语句 2
}
else if  (条件表达式 3)
{
    语句 3
}
…
else
{
    语句 n
}
```

其含义如下：逐个判断表达式的值，如果某一个表达式为真，就执行相应的语句，然后跳出到整个 if 语句之外。如果所有的表达式都为假，则执行语句 n，然后继续执行后面的程序。

下面的实例定义一个变量 volt，在 volt 的取值范围内有多个判断标准，使用条件语句的第 3 种表达方式来依次处理每一个判断条件。

```
float volt;                        //电压值
int level;                         //电压水平
…
代码段 a
…
if (3.6 <volt <=3.8)               //判断 volt 是否在 3.6～3.8 之间
{
    level=1;
}
else if (3.8 <volt <=4.0)          //判断 volt 是否在 3.8～4.0 之间
{
    level=2;
}
else if (volt >4.0)                //判断 volt 是否大于 4.0
{
    level=3;
}
else                               //如果以上条件都不满足，则执行下面的代码
{
    level=0;
}
代码段 b;
…
```

3. switch 语句

JavaScript 中 switch 语句适用于要对同一个表达式的值进行多次判断的情况。JavaScript 引擎将执行这个表达式，根据返回的数值执行相应的代码块，例如：

```
switch(表达式){
    case 第一个值:
        语句;
        break;
    case 第二个值:
        语句;
        break;
        …
    case 最后一个值:
        语句;
        break;
    default:
        语句;
}
```

在 switch 语句中会计算表达式的数值，接着从上到下依次执行每一条 case 语句。如果 case 语句的数值与表达式的数值相等，那么将执行相应 case 语句中的代码块。如果代码块末尾有 break 语句，那么会跳过下列的 case 语句，并跳转到 switch 语句之后的语句中。否则，程序会继续执行其他 case 语句中的代码块。如果没有符合的 case 语句，那么 JavaScript 引擎会查找可选的 switch 语句；如果存在 default 语句，那么会继续执行 default 语句下的代码块。

4. 循环控制语句

(1) while 循环

while 循环是 JavaScript 中最简单的循环，根据每次循环开始的条件表达式进行判断。也就是说，在循环体内的代码被执行之前，就会对出口条件求值。如果判断为 true，则继续循环，如果判断为 false，则不执行循环体内的代码，直接退出循环。

例如：

```
while(条件){
    执行语句
}
```

(2) do-while 语句

do-while 语句与 while 语句不同在于它是在循环体代码执行之后，才会对出口条件求值。即无论判断结果为 true 或 false，循环体内的代码至少被执行一次。其他与 while 语句相同，同样是如果判断为 true，则继续循环，如果判断为 false，则不执行循环体内的代码，直接退出循环。

```
do{
```

```
    执行语句;
}while(条件)
```

(3) for 循环语句

for 循环的代码更倾向于让循环执行一定的次数。一般由 3 条不同的语句组成：赋值语句(设定初始值)、条件判断语句以及更新语句。语法如下：

```
for(设定初始值;条件;更新数值){
    ...
}
```

5. 跳转语句

跳转语句包含 break 语句和 continue 语句。break 语句和 continue 语句用于在循环中精确地控制代码的执行。其中 break 语句会立即退出循环,强制继续执行循环后面语句。而 continue 语句虽然也是立即退出循环,但退出循环后从循环的顶部继续执行。

(1) break 语句

例如：

```
var num=0;
for(var i=1; i <10; i++){
    if(i %5==0){
        break;
    }
    num++;
}
alert(num);                          //4
```

在这个例子中,如果 if 语句的条件为真,则执行 break 语句退出循环,执行 break 语句之后,要执行的下一行代码是 alert()函数,结果显示 4。

(2) continue 语句

例如：

```
var num=0;
for(var i=1; i <10; i++){
    if(i %5==0){
        continue;
    }
    num++;
}
alert(num);          //8
```

这个例子中,如果 if 语句的条件为真,则执行 continue 语句退出循环,要执行的下一行代码是 num++,然后执行 alert()函数,结果显示为 8。

11.7　JavaScript 对象和函数

11.7.1　JavaScript 对象

JavaScript 对象是 JavaScript 语言中的固有的组件，而且与 JavaScript 的执行环境无关。所以，无论在什么环境下都可以访问 JavaScript 对象。对象通过属性来获取数据集中的数据，也可以通过方法来实现数据的某些功能。在一个程序里通常会使用很多变量来描述一些实物的属性。

(1) 对象的原型方式。该方式利用了对象的 Prototype 属性。用空构造函数来设置类名，然后所有的属性和方法都被直接赋予 prototype 属性。

(2) 对象的混合方式。这种方式就是用构造函数定义对象的所有非函数属性，用原型方式定义对象的函数属性(方法)。结果所有的函数只创建一次，而每个对象都具有自己的对象属性实例。

11.7.2　JavaScript 函数

通常情况下，函数是完成特定功能的一段代码。把一段完成特定功能的代码块放到一个函数里，以后就可以调用这个函数，这样就省去了重复输入大量代码的麻烦。例如，ert 其实就是一个函数，是 JavaScript 提供的函数。

一个函数的作用就是完成一项特定的任务。如果没有函数时，完成一项任务可能需要 5 行、10 行、甚至更多的代码。每次需要完成这个任务的时候都重写一遍代码显然不是一个好主意。这时就可以编写一个函数来完成这个任务，以后只要调用这个函数就可以了。

定义函数的语法如下：

```
function 函数名() {
    函数代码;
}
```

函数由关键字 Function 定义，把“函数名”替换为你想要的名字，把“代码”替换为完成特定功能的代码。

提示：在这里对对象和函数进行简单的介绍，在第 12 章中会详细介绍。

11.8　JavaScript 注释

JavaScript 的注释与其他语言一样，可以使用两种语法来表示。一种用于注释大段文字，以一个斜杠和一个星号开头，以一个斜杠和一个星号结尾，如下所示：

```
/*
 *这是一个多行
```

```
*注释
*/
```

例如：

```
/*
*<div>
*<p>this is a div </p>
*</div>
*注释
*/
```

另一种是用于注释单行文字，如下所示：

```
//单行注释
```

例如：

```
//<p>this is a p level   </p>
```

提示：在代码中加入有意义的注释是非常重要的。它不仅有助于在稍后阅读代码时更好地理解当初这段程序的含义，从而更容易对其进行更新，而且对于和你在同一个代码库中工作的同事来说，也能起到开发笔记的作用。好程序员的标志之一就是能书写好的注释，所以大家还是要经常写注释哦！注释一定要言简意赅，对于网站或网络应用程序来说，它能当作第一手的开发文档来用。

11.9 上机练习——JavaScript综合实例

本节完成一个较为复杂的JavaScript实例，具体步骤如下。

步骤1：打开笔记本，如例11-5所示，输入代码：

```
<!--例11-5 -->
<!DOCTYPE html>
<html>
    <head>
        <meta charset="utf-8">
    <head>
    <title>javascript实现的简单动画</title>
    <style type="text/css">
        #mydiv
        {
            width:50px;
            height:50px;
            background-color:green;
```

```
        position:absolute;
    }
  </style>
  <script type="text/javascript">
  window.onload=function()          //当文档内容完全加载完毕再去执行函数中的
                                      代码
  {
     var mydiv=document.getElementById("mydiv");//获取 id 属性值为 mydiv 的
                                                  元素
     var start=document.getElementById("start");
     var stopmove=document.getElementById("stopmove");
     var x=0;                         //设置一个变量用来存放设置 div 元素 left 属
                                        性值
     var flag;                        //设置一个变量存放 setInterval()返回值
     function move()                  //创建一个函数用于规定 div 的运动
     {
        x=x+1;                        //固定每次增加的像素
        mydiv.style.left=x+"px";      //设置 div 的 left 属性值
        start.onclick=function()      //为 start 元素注册 onclick 事件处理函数
        {
           clearInterval(flag);       //停止定时器函数,一方多次单击开始按钮造成
                                        叠加效果
           flag=setInterval(move,20)//开始运动
        }
        stopmove.onclick=function()
        {
           clearInterval(flag);       //点击停止运动,取消定时移动的计时器
        }
     }
  }
  </script>
  <body>
     <input type="button" id="start" value="开始运动" />
     <input type="button" id="stopmove" value="停止运动" />
     <div id="mydiv"></div>
  </body>
</html>
```

步骤 2：将文件保存为 1.html。

步骤 3：在浏览器中预览网页效果。

运行效果如图 11-5 所示。

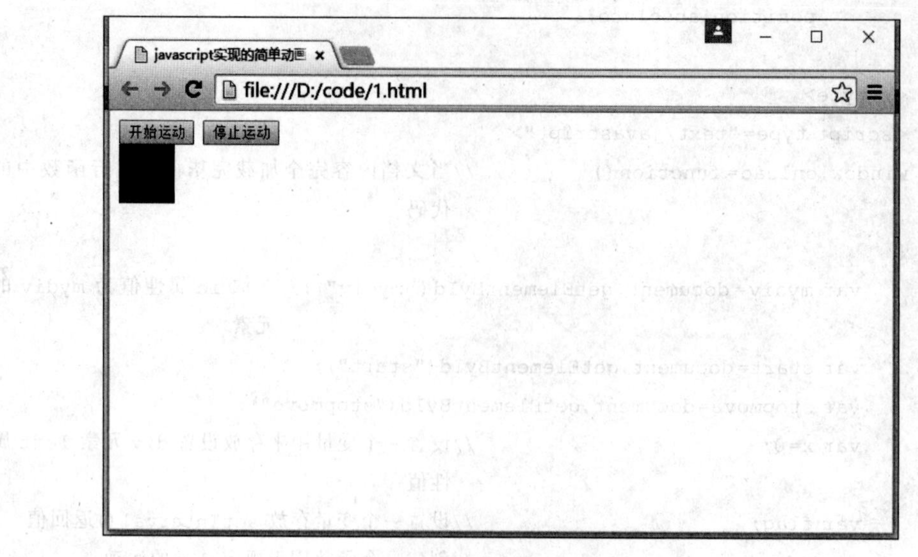

图 11-5　综合实例运行效果图

11.10　本章小结

本章主要讲解了 JavaScript 语言的简介、变量定义、数据类型、运算符和表达式、控制语句、对象和函数等。

(1) 变量的定义。变量就是将确定的值赋值给一个字符来代替某一个或某一类数值。

(2) 数据类型。JavaScript 有 5 种简单的数据类型：未定义、空值、布尔、数值和字符，还有一种复杂数据类型 Object。

(3) 对象和函数。在一个程序里通常会使用很多变量来描述一些实物的属性，对象就是把看上去杂乱无章的变量按逻辑进行分类。

通常情况下，函数是完成特定功能的一段代码。把一段完成特定功能的代码块放到一个函数里，以后就可以调用这个函数啦，这样就省去了重复输入大量代码的麻烦。

第12章 JavaScript 面向对象编程

学习本章的目的是了解 JavaScript 面向对象编程，为了以后更深入的了解并运用 JavaScript 打下基础。

本章重点

- 掌握 JavaScript 的常用对象
- 掌握 JavaScript 的 DOM 操作
- 掌握 JavaScript 的事件编程

12.1 内置对象

12.1.1 字符串对象

在之前的学习中已经使用过字符串对象了。声明一个字符串对象的方法就是直接赋值。例如：

```
var s="我有个 7 个字符";
```

定义 s 字符串之后，就有了一个字符串对象，可以访问它的属性，使用它的方法。

string 对象有不同的方法，有些方法用于 HTML，而有些方法则用于其他用途，表 12-1 列出了 string 对象的属性和方法。

表 12-1 string 对象的属性和方法

方法/属性	描 述	参 数
valueOf	返回 string 对象封装的字符串字面量	无
length	属性，字符串字面量的长度	使用时不带括号
charAt，charCodeAt	返回字符串中特定位置的字符或字符编码	表示位置的数字，从 0 开始计数
indexOf	返回另一个字符串在该字符串中第一次出现的位置	所查找的子字符串
lastIndexOf	返回另一个字符串在该字符串中最后一次出现的位置	所查找的子字符串
slice	返回字符串的某个片段	该片段的起始和结束位置
substring，substr	返回子字符串	字符串的起始和结束位置

续表

方法/属性	描　述	参　数
split	根据特定的分隔符，分割字符串	分隔符和分隔的最大数量
concat	连接字符串	字符串参数，把该字符串连接到 string 对象的字面量字符串
match，replace，search	正则表达式匹配，替换和查找	字符串和正则表达式

这里主要详细讲解以下几种字符串方法。

1. charAt 与 charCodeAt 方法

charAt 与 charCodeAt 的作用在于取得指定参数位置的字符，从 0 开始，charAt 返回字符，charCodeAt 返回 ASCII 码。当指定位置无内容时，charAt 返回空串，而 charCodeAt 返回 NaN。

```
var str="abc";
alert(str.charAt(4));
alert(str.charCodeAt(4));
```

2. indexOf 与 lastIndexOf 方法

用来在字符串内检索一个字符或者一个字符串，如果该字符串或者字符存在的话，返回该字符串的第一个字符的位置。如果没有获得则就返回－1。

```
var str="abc";
alert(str.indexOf("a"));
alert(str.lastIndexOf("b"));
```

3. substring 与 slice 方法

用来获取子字符串，都是两个参数，获得两个数字间的字符串，不包含结束端的字符。slice 接受负数，负数就是从尾端向前数。如果 substring 的第一个参数大于第二个参数，它会在比较前抽取参数进行交换。

4. split、join 与 concat 方法

split 是根据一个分隔符把字符串变成数组，第一个参数是分隔符，第二个参数是分割后的数组的大小，大于的将被删除。

join 方法是把一个数组变为字符串。

concat 的作用是连接两个字符使其变为一个。

```
var str="11.22.33.44".split(".").reverse().join("").concat("nihao");
alert(str);
```

5. search 方法

可以把正则表达式作为参数，当从字符串中找到时，返回该字符串的位置，若没有找到则返回－1。

```
var str="www.hello.world";
alert(str.search(/hello/));
```

6. replace 方法

该方法有 2 个参数。第一个参数是正则表达式,第二个参数是可替换的内容。

7. 创建字符串对象

使用构造函数可以显式创建字符串对象,事实上,JavaScript 会自动在字符串与字符串对象之间进行转换,创建字符串对象的构造函数如下:

```
new String(str);
```

其中 str 参数为要创建字符串对象的字符串或变量。在创建字符串对象时,如果使用了 new 运算符,则返回一个新的字符串对象。如果省略 new 运算符,则把 str 转换成字符串,并返回转换后的值。

12.1.2　数学对象

math 对象提供对数据的数学计算。如表 12-2 和表 12-3 所提到的属性和方法,这里不再详细说明"用法",大家在使用的时候记住用"Math.＜名＞"这种格式。

表 12-2　math 对象属性

属　性	描　述
E	返回算术常量 e,即自然对数的底数(约等于 2.718)
LN2	返回 2 的自然对数(约等于 0.693)
LN10	返回 10 的自然对数(约等于 2.302)
LOG2E	返回 10 的自然对数(约等于 2.302)
LOG10E	返回以 10 为底的 e 的对数(约等于 0.434)
PI	返回圆周率(约等于 3.14159)

表 12-3　常用 math 对象方法

方　法	描　述
abs(x)	返回数的绝对值
max(x,y)	返回 x 和 y 中的最高值
min(x,y)	返回 x 和 y 中的最低值
sqrt(x)	返回数的平方根

12.1.3　日期对象

日期对象 Date 可以储存任意一个日期,从 0001 年到 9999 年,并且可以精确到毫秒数(1/1000 秒)。

如下定义一个日期对象:

```
var  today=new Date();
```

这个方法使 d 成为日期对象，并且已有初始值：当前时间。如果要自定初始值，可以用下列方法：

```
var d=new Date(99, 10, 1);              //99 年 10 月 1 日
var d=new Date('Oct 1, 1999');          //99 年 10 月 1 日
```

12.1.4 数组对象

数组对象是一个对象的集合，里边的对象可以是不同类型的。数组的每一个成员对象都有一个“下标”，用来表示它在数组中的位置，从零开始计数。

数组的定义方法中下：

```
var <数组名>=new Array();
```

如下可以添加数组元素：

```
<数组名>[<下标>]=...;
```

下标用方括号括起来。

如果要在定义数组的时候直接初始化数据，可以用：

```
var <数组名>=new Array(<元素 1>, <元素 2>, <元素>);
```

例如：

```
var myArray=new Array(1, 4.5, 'Hi');
```

定义数组 myArray，其中 myArray[0]=1，myArray[1]=4.5，myArray[2]='Hi'。

定义时指定有 n 个空元素的数组，可以用：

```
var a=new Array(n);
```

数组对象的常用方法如表 12-4 所示。

表 12-4 数组对象的常用方法

方　法	描　述
length()	返回数组的长度，即数组中有多少个元素。它等于数组中最后一个元素的下标加一
join()	返回一个字符串，该字符串把数组中的各个元素串起来，用＜分隔符＞置于元素与元素之间。这个方法不影响数组原本的内容
slice()	返回一个数组，该数组是原数组的子集，始于＜始＞，终于＜终＞。如果不给出＜终＞，则子集一直取到原数组的结尾
sort()	使数组中的元素按照一定的顺序排列。如果不指定＜方法函数＞，则按字母顺序排列。在这种情况下，80 排在 9 之前。如果指定＜方法函数＞，则按＜方法函数＞所指定的排序方法排序
reverse()	使数组中的元素顺序反过来。如果对数组[1, 2, 3]使用这个方法，它将使数组变成[3, 2, 1]

12.1.5　Boolean 对象

在用 JavaScript 创建任何逻辑时 Boolean 是必要的。Boolean 是一个代表 true 或 false 值的对象。Boolean 对象可以有多个值，这些值都相当于 false 值(0、-0、null 或"" (一个空字串))。所有其他布尔值相当于 true 值。该对象可以通过 new 关键词进行实例化，但通常是一个被设为 true 或 false 值的变量：

```
var myBoolean=true;
```

Boolean 对象包括 toString 和 valueOf 方法，尽管不太可能需要使用这些方法。Boolean 最常用于在条件语句中 true 或 false 值的简单判断。布尔值和条件语句的组合提供了一种使用 JavaScript 创建逻辑的方式。此类条件语句的示例包括 if、if…else、if…else…if 以及 switch 语句。当与条件语句结合使用时，可以基于编写的条件使用布尔值确定结果。

```
var myBoolean=true;
if(myBoolean==true) {
    //如果条件为 true
}
else {
    //如果条件为 false
}
```

不言而喻，Boolean 对象是 JavaScript 一个极其重要的组成部分。如果没有 Boolean 对象，在条件语句内便无法进行判断。

12.2　宿 主 对 象

12.2.1　DOM 对象的属性和方法

很多时候，DOM 操作都比较简明，因此用 JavaScript 生成那些通常原本是用 HTML 代码生成的内容并不麻烦，不过，有些时候，操作 DOM 并不像表面上看起来那么简单。由于浏览器中充斥着隐藏的陷阱和不兼容问题，用 JavaScript 代码处理 DOM 的某些部分更复杂一些。DOM 对象包含页面的实际内容，其属性和方法通常会影响文档在窗口的外观和内容。

表 12-5 和表 12-6 介绍了 DOM 常见的属性和方法。

表 12-5　DOM 对象的属性

属　性	描　述
body	提供对<body>元素的直接访问。对于定义了框架集的文档，该属性引用最外层的<frameset>
cookie	设置或返回与当前文档有关的所有 Cookie
domain	返回当前文档的域名

续表

属　性	描　述
lastModified	返回文档被最后修改的日期和时间
referrer	返回载入当前文档的文档的 URL
title	返回当前文档的标题
URL	返回当前文档的 URL

表 12-6　DOM 对象的方法

方　法	描　述
close()	关闭用 document.open()方法打开的输出流，并显示选定的数据
getElementById()	返回对拥有指定 id 的第一个对象的引用
getElementsByName()	返回带有指定名称的对象集合
getElementsByTagName()	返回带有指定标签名的对象集合
open()	打开一个流，以收集来自任何 document.write()或 document.writeln()方法的输出
write()	向文档写 HTML 表达式或 JavaScript 代码
writeln()	等同于 write()方法，不同的是在每个表达式之后写一个换行符

这里详细介绍一下 DOM 的以下几种方法。

1. getElementById()方法

getElementById()方法返回具有指定 ID 属性值的第一个对象的一个引用，如例 12-1 所示。

```
<!--例 12-1 -->
<!DOCTYPE html>
<html>
    <head>
        <meta charset="utf-8">
        <script type="text/javascript">
        function alignRow()
        {
            var x=document.getElementById('myTable').rows
            x[0].align="right"
        }
        </script>
    </head>
    <body>
        <table width="60%" id="myTable" border="1">
            <tr>
                <td>行 1 单元格 1</td>
                <td>行 1 单元格 2</td>
```

```
            </tr>
            <tr>
                <td>行 2 单元格 1</td>
                <td>行 2 单元格 2</td>
            </tr>
            <tr>
                <td>行 3 单元格 1</td>
                <td>行 3 单元格 2</td>
            </tr>
        </table>
        <form>
            <input type="button" onclick="alignRow()" value="右对齐第一行文字">
        </form>
    </body>
</html>
```

运行效果如图 12-1 所示。

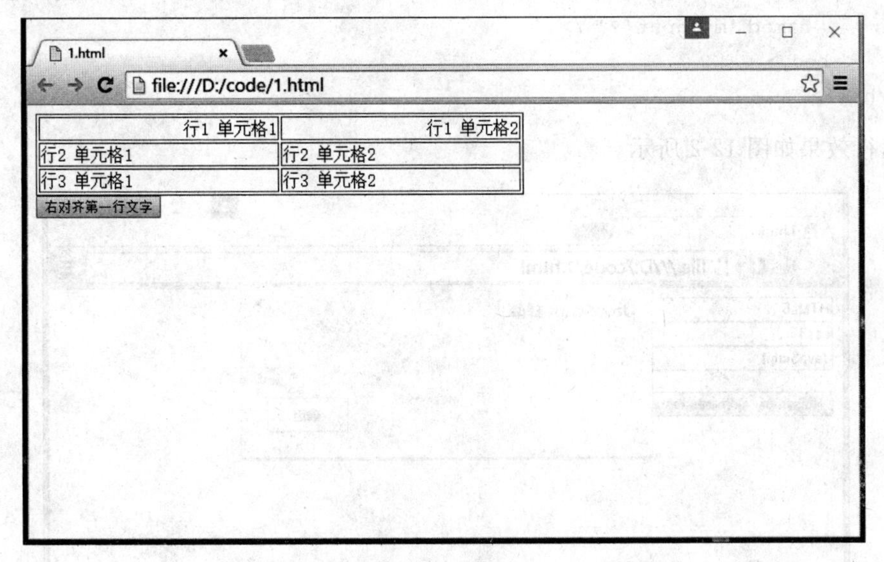

图 12-1　getElementById()演示效果

2. getElementsByName()方法

getElementsByName()方法可返回带有指定名称的对象的集合。

语法如下：

```
document.getElementsByName(name)
```

该方法与 getElementById()方法相似，但它查询的是元素的 name 属性，而不是 id 属性。

另外，因为一个文档中的 name 属性可能不唯一（如 HTML 表单中的单选按钮通常具有相同的 name 属性），所有 getElementsByName()方法返回的是 name 属性值，而不是一个元素，如例 12-2 所示。

```
<!--例 12-2 -->
<!DOCTYPE html>
<html>
    <head>
        <meta charset="utf-8">
        <script type="text/javascript">
            function getElements() {
                var x=document.getElementsByName("myInput");
                alert(x.length);
            }
        </script>
    </head>
    <body>
        <input name="myInput" type="text" size="20" /><br />
        <input name="myInput" type="text" size="20" /><br />
        <input name="myInput" type="text" size="20" /><br /><br />
        <input type="button" onclick="getElements()"value="How many elements
        named 'myInput'?" />
    </body>
</html>
```

运行效果如图 12-2 所示。

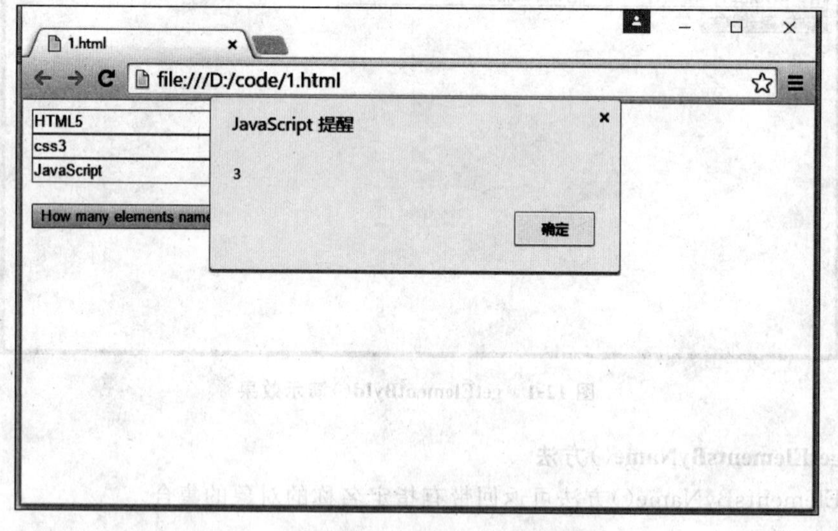

图 12-2　getElementsByName()演示效果

12.2.2　DOM 对象的操作

在构建网站界面时,经常需要对 DOM 进行一些动态的操作,诸如获取节点、插入节点、创建新节点、向其中填充内容以及将它们移动到文档中的其他位置等。

1. 向 DOM 中新增元素

通常需要以下 3 步。

（1）创建元素。用 createElement()方法如下创建元素：

```
Var src=document.createElement("src");
```

（2）填充内容：用 createTextNode()方法来填充内容：

```
var value=document.createTextNode("text");
```

（3）放入 DOM。将新元素插入到 DOM 中，用 appendChild()方法来完成：

```
node.appendChild(value);
```

将节点插入到最后。上面两个创建的节点不会自动添加到文档里，所以就要使 appendChild 来插入了。

如果是新的节点则插入到最后，如果是已经存在的节点则是移动到最后。理解了这点，再与下面的方法结合，可以方便地移动操作节点。

2. 从 DOM 中替换节点

用 replaceChild()方法来替换 DOM 中的节点。删除一个子节点，并用一个新节点代替它，第一个参数为新建的节点，第二个节点为被替换的节点，例如：

```
<div id="div1">
    <p id="p1">我是第一个 P</p>
    <p id="p2">我是第二个 P</p>
</div>
    window.onload=function () {
        var div1=document.getElementById("div1");
        var span1=document.createElement("span");
        span1.textContent="我是一个新建的 span";
        div1.replaceChild(span1,document.getElementById("p2"));
    }
```

执行之后代码变为：

```
<div id="div1">
<p id="p1">我是第一个 P</p>
<span>我是一个新建的 span</span>      //留意到 p2 节点已经被替换为 span1 节点了
</div>
```

3. 在 DOM 中移除节点

用 removeChild()方法来移除 DOM 中的节点。由父元素调用，删除一个子节点。注意是直接父元素调用，删除直接子元素才有效，删除孙子元素就没有效果了。

```
<div id="div1">
    <p id="p1">我是第一个 P</p>
    <p id="p2">我是第二个 P</p>
```

```
</div>
    window.onload=function () {
        var div1=document.getElementById("div1");
        div1.removeChild(document.getElementById("p2"));
    }
```

执行之后代码变为：

```
<div id="div1">
<p id="p1">我是第一个 P</p>      //注意到第二个 P 元素已经被移除了
</div>
```

12.2.3 window 对象

对象层次结构的顶层是 window 对象，这个对象处于对象链的顶端，因为它是 Web 浏览器中查看所有内容的主要容器，只要打开浏览器窗口，即便窗口中没有加载文档，window 对象也在内存的当前模型中定义好了。

window 对象能使 DOM 方便地关联一个方法，来显示模式对话框，调整浏览器窗口底部状态的文本。window 对象方法允许创建显示在屏幕上的独立窗口。

window 的属性有很多。这里主要介绍以下属性。

1. status 属性

语法格式如下：

```
window.status=字符串
```

功能：设置或给出浏览器窗口中状态栏的当前显示信息。

2. location 属性

语法格式如下：

```
window.location=URL
```

功能：给出当前窗口的 URL 信息或指定打开窗口的 URL。

3. self 属性

语法格式如下：

```
window.self.属性
```

功能：该属性包含当前窗口的标志，利用这个属性，可以保证在多个窗口被打开的情况下，正确调用当前窗口内的函数或属性而不会发生混乱。

4. name 属性

语法格式如下：

```
window.name=名称
```

功能：返回窗口名称，这个名称是由 window.open()方法创建新窗口时给定的。在 JavaScript 1.0 版本中，这个属性只能用于读取窗口名称，而到了 JavaScript 1.1 版本时，可以用这个属性给一个不是用 window. open()方法创建的窗口指定一个名称。

5. Alert()方法

这个方法会产生一个对话框，显示作为参数传递的文本，OK 按钮允许关闭这个警告框。

6. Confirm()方法

这个方法在弹出对话框时有返回值，单击 OK 按钮的返回值为 true，单击 Cancel 按钮的返回值为 false，用这个对话框和它的返回值，用户可以决定如何继续进行。

7. Prompt()方法

这个方法弹出的对话框弹出的是提示对话框。它显示了预置的信息，并提供一个文本域，供用户输入响应。

12.3　常用其他对象

12.3.1　表单对象

表单对象可以让用户实现输入文字，选择选项和提交数据的功能。

表单对象代表一个 HTML 表单，在 HTML 文档中每出现一对 form 标记，form 对象就会被创建。表 12-7 和表 12-8 分别介绍了表单的常用属性和方法。

表 12-7　表单的常用属性

属　性	描　述
acceptCharset	服务器可接受的字符集
action	设置或返回表单的 action 属性
enctype	设置或返回表单用来编码内容的 MIME 类型
id	设置或返回表单的 id
length	返回表单中的元素数目
method	设置或返回将数据发送到服务器的 HTTP 方法
name	设置或返回表单的名称
target	设置或返回表单提交结果的表单或窗口

表 12-8　表单的常用方法

方　法	描　述
reset()	把表单的所有输入元素重置为它们的默认值
submit()	提交表单

12.3.2　Image 对象

预载入图像最简单的方法是在 JavaScript 中实例化一个新 Image()对象，然后将需要载入的图像的 URL 作为参数传入。假设有一个图像名为 heavyimagefile. jpg，在用户的鼠标放到一个已经显示的图像之上时，希望显示这个图像。为了预载入这一图像从而得到较快的响应时间，先创建一个 Image() 对象 heavyImage，然后在 onLoad() 事件处理器中将其同时载入，如下所示：

```
<head>
    <script language="JavaScript">
    function preloader()
    {
        heavyImage=new Image();
        heavyImage.src="heavyimagefile.jpg";
    }
    </script>
</head>
<body onLoad="javascript:preloader()">
    <a href="#" onMouseOver="javascript:document.img01.src='heavyimagefile.
    jpg'">
    <img name="img01" src="justanotherfile.jpg"></a>
</body>
```

12.4 事件编程

事件是另一种当异步回调完成处理后的通信方式。一个对象可以成为发射器并派发事件，而另外的对象则监听这些事件。

12.4.1 事件处理

事件处理是对象化编程的一个很重要的环节，没有了事件处理，程序就会变得很死板，缺乏灵活性。事件处理的过程可以这样表示：发生事件→启动事件处理程序→事件处理程序作出反应。其中，要使事件处理程序能够启动，必须先告诉对象，如果发生了什么事情，要启动什么处理程序，否则这个流程就不能进行下去。事件的处理程序可以是任意 JavaScript 语句，但是一般用特定的自定义函数(function)来处理事情。

事件处理主要有以下 3 种方式。

1. 设置 HTML 标签属性为事件处理

文档元素的事件处理程序属性，其名字由“on”后面跟着事件名组成，例如 onclick、onmouseover。当然，这种形式只是为 DOM 元素注册事件处理程序。

语法如下：

```
<标记 ... ... 事件="事件处理程序" [事件="事件处理程序]>
```

例如：

```
<body ... onload="alert('网页读取完成,请慢慢欣赏!')" onunload="alert('再见!')">
```

2. 设置 JavaScript 对象属性为事件处理程序

可以通过设置某一事件目标的事件处理程序属性来为其注册相应的事件处理程序。事件处理程序属性名字由“on”后面跟着事件名组成，例如 onclick、onmouseover。

语法如下：

```
<script language="JavaScript" for="对象" event="事件">
    ...
    (事件处理程序代码)
    ...
</script>
```

例如：

```
<script language="JavaScript" for="window" event="onload">
    alert('网页读取完成,请慢慢欣赏!');
</script>
```

12.4.2 事件驱动

JavaScript 中的事件驱动是通过鼠标或热键的动作引发的。常用事件如表 12-9 所示。

表 12-9 常用事件

事 件	描 述	事 件	描 述
onClick	单击事件	onLoad	载入文件
onChange	改变事件	unLoad	卸载文件
onSelect	选中事件	onMouseOver	鼠标指示事件
onFocus	获得焦点事件	onSubmit	提交事件
onBlur	失去焦点		

1. onClick 事件

当用户单击鼠标按钮时，产生 onClick 事件。同时 onClick 指定的事件处理程序或代码将被调用执行。激发单击的事件如表 12-10 所示。

表 12-10 激发单击事件的对象

事 件	描 述	事 件	描 述
button	按钮	onLoad	载入文件
checkbox	复选框	unLoad	卸载文件
radio	单选框	onMouseOver	鼠标指示事件
reset buttons	重要按钮	onSubmit	提交按钮
submit buttons	失去焦点		

例如，可以通过下面的按钮激活 change()函数，当然 change()函数是需要另外提供的：

```
<form>
    </span>input type="button" value="" onClick="change()">
    </span>
</form>
```

在 onClick 等号后，可以使用自己编写的函数作为事件处理程序，也可以使用 JavaScript 的内部函数，还可以直接使用 JavaScript 代码等。

```
<body>
    <form>
        <span>请输入基本资料:<br>
            姓名:
        </span>
        <span><input type="text" name="usr" size="8">
        </span>
        <span><input type="button" value="请单击" onClick="alert('谢谢你的填
        写...')">
        </span>
    </form>
</body>
```

单击“请单击”按钮后将激发 onClick 事件，即弹出“谢谢你的填写...”警告框。

2. 获得焦点事件

当用户单击 text 或 textarea 以及 select 对象时，产生该事件。此时该对象成为前台对象。

该事件适用对象 button、checkbox、fileUpload、layer、password、radio、reset、select、submit、text、textarea、window。

在下面的例子中，当鼠标移到文本域的地方即获得焦点时，立刻弹出一个提示“已经获得焦点!”的警告框：

```
<span><input type="textarea" value="" name="valueField" onFocus="alert('已经
    获得焦点!')">
</span>
```

3. 鼠标指示事件

当鼠标指到相应的位置时引发的事件。事件适用对象有 layer、link。

在下面的例子中，用 href 给“Click me”加上一个超链接，当鼠标指到超链接“Click me”时，将在状态栏提示字符串“Click this if you dare!”。

```
<a href="http://www.myhome.com/"
    onMouseOver="window.status='Click this if you dare!'; return true">
    Click me
</a>
```

当鼠标指到文字“Click me”上时，将在状态栏显示提示字符串。

```
"Click this if you dare!"
```

4. 提交事件

它是在点击提交按钮时引发的事件。事件适用的对象有 form。

语法如下：

```
onSubmit="handlerText"
```

在下面的例子中，在单击“提交”按钮时，就会弹出一个“你确认提交吗？”提示警告框。

```
<form onSubmit="alert('你确认提交吗？')">
    <span><input type="text" name="txt" value="测试文本">
    </span>
    <span><input type="submit" value="提交">
    </span>
</form>
```

12.5 上机练习——JavaScript 综合实例

本节完成一个较为复杂的 JavaScript 示例，具体步骤如下。

步骤 1：打开笔记本，输入如例 12-3 所示的代码：

```
<!--例 12-3 -->
<!DOCTYPE html>
<html>
    <head>
        <meta charset="utf-8">
        <script type="text/javascript">
            function checkName(){
                var username=document.getElementById("name");
                var nameMsg=document.getElementById("nameMsg");
                if(username==null || username.value=="")
                return "isnull";
            }else{
                var pattern="^[a-zA-Z][a-zA-Z0-9_@]{5,20}$";
                var check=new RegExp(pattern);
                if(!check.test(username.value)){
                    return "notmatch";
                }else
                    return "yes";
            }
        }
```

```
}
function pwdCheck(){//检验密码
    var pwd=document.getElementById("pwd");
    var pwdMsg=document.getElementById("pwdMsg");
    if(pwd.value==""‖pwd==null){
        return false;
    }else{
        return true;
    }
}
function repwdCheck(){//重复密码检验
    var pwd=document.getElementById("pwd");
    var repwd=document.getElementById("repwd");
    var repwdMsg=document.getElementById("repwdMsg");
    if(repwd.value==""‖repwd==null){
        return "isnull";
    }else if(repwd.value!=pwd.value){
        return "notmatch";
    }else{
        return "yes";
    }
}
function Check1(){
    var username=document.getElementById("name");
    var nameMsg=document.getElementById("nameMsg");
    if(checkName()=="isnull"){
        nameMsg.innerHTML="<font color='red'> ⊙_⊙  用户名不能
    为空!</font>";
    }else if(checkName()=="notmatch"){
        nameMsg.innerHTML="<font color='red'> ⊙_⊙  对不起,用户名
    只能为 6-20 位的数字,字母,下画线_和@符号组成,并且只能以英文开头!</font>";
    }else{
        nameMsg.innerHTML="<font color='green'> o(∩_∩)o  恭
    喜,您可以使用该用户名!</font>";
    }
}
function Check2(){
    var pwd=document.getElementById("pwd");
    var pwdMsg=document.getElementById("pwdMsg");
    if(pwdCheck()){
        pwdMsg.innerHTML="";
    }else{
        pwdMsg.innerHTML="<font color='red'> ⊙_⊙  对不起,密码
```

```
    不能为空!</font>";
    }
}
function Check3(){
    var pwd=document.getElementById("pwd");
    var repwd=document.getElementById("repwd");
    var repwdMsg=document.getElementById("repwdMsg");
    if(repwdCheck()=="isnull"){
        repwdMsg.innerHTML="<font color='red'> ⊙_⊙  对不起,密
    码不能为空!</font>";
    }else if(repwdCheck()=="notmatch"){
        repwdMsg.innerHTML="<font color='red'> ⊙_⊙  对不起,密
    码不一致,请重新输入!</font>";
    }else{
        repwdMsg.innerHTML="<font color='green'> O(∩_∩)O  恭
    喜,密码输入一致!</font>";
    }
}
function Check5(){
    if(checkName()=="isnull"){
        alert("用户名不能为空!");
        return false;
    }else if(checkName()=="notmatch"){
        alert("用户名不符合要求,请重新输入!");
        return false;
    }else if(!pwdCheck()){
        alert("密码不能为空!");
        return false;
    }else if(repwdCheck()=="isnull"){
        alert("再次输入密码框不能为空!");
        return false;
    }else if(repwdCheck()=="notmatch"){
        alert("两次输入密码不一致!");
        return false;
    }else{
        return true;
    }
}
</script>
</head>
<form onsubmit="return Check5();">
    用户名:<input type="text" id="name" onchange="Check1()"><span id=
```

```
            "nameMsg"></span><br>
            密码:<input type="password" id="pwd" onchange="Check2()"><span id=
            "pwdMsg"></span><br>
            再次输入密码:<input type="password" id="repwd" onchange="Check3()">
            <span id="repwdMsg"></span><br><br>
            <input type="submit" value="创建账号">
        </form>
    </html>
```

步骤 2：将文件保存为 1. html。

步骤 3：在浏览器中预览网页效果。

运行效果如图 12-3 所示。

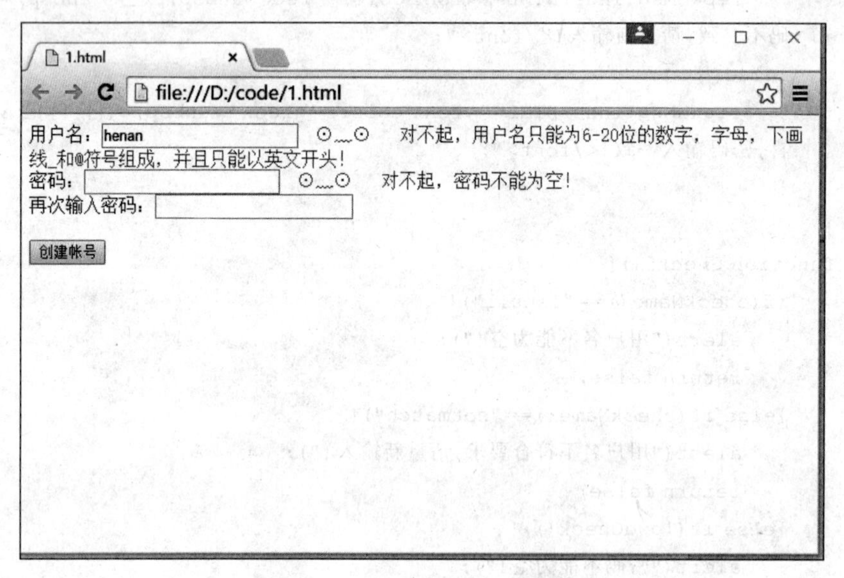

图 12-3　综合实例运行效果图

12.6　本 章 小 结

本章主要讲解了 JavaScript 的面向对象和时间编程。重要内容如下：

（1）内置对象。内置对象主要包含了字符串对象、数学对象、日期对象、数组对象、布尔对象。

（2）宿主对象。宿主对象主要包含了 DOM 对象、window 对象。DOM 操作都比较简明，不过，有些时候，操作 DOM 并不像表面上看起来那么简单。由于浏览器中充斥着隐藏的陷阱和不兼容问题，用 JavaScript 代码处理 DOM 的某些部分更复杂一些。

（3）事件编程。事件是另一种当异步回调完成处理后的通讯方式。一个对象可以成为发射器并派发事件，而另外的对象则监听这些事件。

第 13 章

HTML5 高级应用

本章节主要介绍 HTML5 图形绘制、本地存储、离线缓存和地理位置。

本章重点

- 掌握使用 canvas 进行图形绘制
- 了解本地存储相关技术
- 了解地理位置相关技术

13.1 使用 HTML5 绘制图形

canvas 元素是 HTML5 中新增的一个元素，专门用来绘制图形。它自己没有行为，但却把一个绘图 API 展现给客户端 JavaScript，使脚本能够把想绘制的东西都绘制到一块画布上。在页面上放置一个 canvas 元素，就相当于在页面上放置了一块“画布”，可以在其中进行图形的绘制。

canvas 元素主要包含 width 和 height 属性，分别标识矩形区域的宽度和高度，既可以通过属性定义，也可以使用 CSS 来定义，如例 13-1 所示。

```
<!--例 13-1-->
<html>
    <head>
        <title>网页标题</title>
        <meta charset=utf-8" />
    </head>
    <body>
        <canvas id="myCanvas" width="400" height="300" />
    </body>
</html>
```

在上面的示例代码中，用 id 表示画布对象名称，width 和 height 分别表示宽度和高度。最初的画布是不可见的，为了便于观察，可以通过设置它的样式，方便在页面查看：

```
<canvas id="myCanvas" width="400" height="300" style="border:1px
solid #000">
</canvas>
```

运行效果如图 13-1 所示。

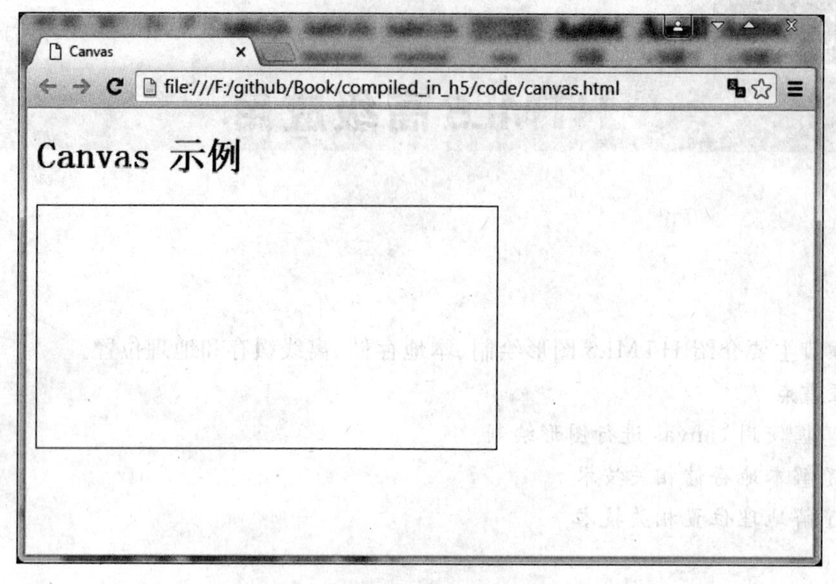

图 13-1 绘制矩形

13.1.1 绘制基本图形

使用 canvas 的 API 可以绘制简单的矩形，还可以绘制一些其他的常见图形，例如直线、圆等。

在绘制图形之前，需要先获得 canvas 对象：

```
var canvas=document.getElementById('myCanvas')
```

然后就可以通过 canvas 对象所提供的方法进行图形绘制。

canvas 对象提供了一个封装了很多绘图功能的对象—— context，context 对象是内建的 HTML5 对象，拥有绘制路径、矩形、圆形、字符以及添加图像的方法。需要使用 canvas 对象的 getContext()方法来获取它。

语法形式如下：

```
Canvas.getContext(contextID)
```

参数 contextID 指定了想要在画布上绘制的类型。当前唯一的合法值是 2d，它指定了二维绘图，这个方法返回一个环境对象，该对象导出一个二维绘图 API。

提示：在未来，如果<canvas>标签扩展到支持 3D 绘图，getContext()方法可能允许传递一个 3d 字符串参数。

现在，获取该对象，代码如下：

```
var context=canvas.getContext('2d')
```

当然为了避免部分浏览器不支持，应先做如下判断：

```
if(canvas.getContext && canvas.getContext('2d'))
        var context=canvas.getContext('2d');
```

之后就可以通过 API 中提供的方法进行绘制了。

使用 canvas 绘制矩形时，涉及到一个或多个方法，这些方法如表 13-1 所示。

表 13-1　绘制矩形的方法

方　法	功　　能	示　　例
fillRect()	绘制一个矩形，这个矩形区域没有边框，只有填充色。该方法有 4 个参数，分别代表坐标位置和矩形的大小	context. fillRect(x,y,width,height);
strokRect()	绘制一个带边框的矩形。该方法同样具有 4 个参数，功能同上	context. strokeRect (x, y, width,height);
clearRect()	清除一个矩形区域，被清除的区域将没有任何线条。该方法同样具有 4 个参数，功能同上	context. clearRect (x, y, width,height);

现在绘制一个矩形，如例 13-2 所示。

```
<!--例 13-2-->
<!DOCTYPE html>
<html>
  <body>
      < canvas id="myCanvas" width="300" height="200" style="border:1px
      solid blue">
         Your browser does not support the canvas element.
      </canvas>
      <script type="text/javascript">
         var c=document.getElementById("myCanvas");
         var cxt=c.getContext("2d");
         cxt.fillStyle="rgb(0,0,200)";
         cxt.fillRect(10,20,100,100);
      </script>
  </body>
</html>
```

上面代码定义了一个画布对象，其 id 名称为 myCanvas，高度和宽度都为 500px，并定义了画布边框的显示样式。代码中首先获取画布对象，然后使用 getContext 获取当前 2d 的上下文对象，并使用 fillRect 绘制一个矩形。其中涉及到一个 fillStyle 属性，fillStyle 用于设置填充的颜色、透明度等。

运行代码，可以看到，在网页中 canvas 标签内显示了一个蓝色矩形，如图 13-2 所示。

使用 canvas 元素绘制图形的时候，有两种方式：填充(fill)与绘制边框(stroke)。在绘制图形的时候，首先要设定好绘图的样式(style)，然后调用有关方法进行图形的绘制。

在上述的代码中，获取到 context 对象之后，主要对以下属性进行了设置：

(1) fillStyle 属性：填充的样式，在该属性中填入填充的颜色值。

(2) strokeStyel：图形边框的样式。在该属性中填入边框的颜色值。

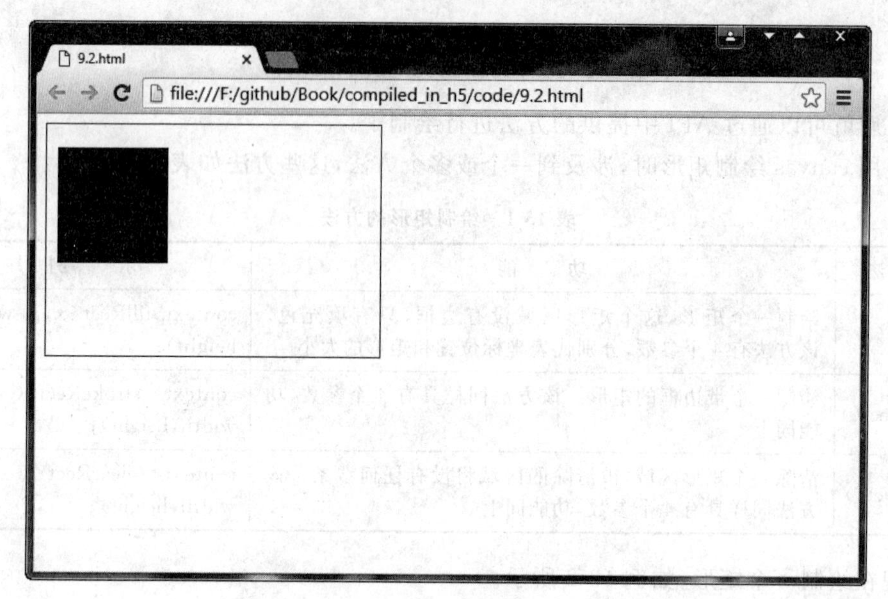

图 13-2　绘制矩形

(3) linWidth：设置图形边框的宽度。

在设置完成属性后，分别使用 fillRect 方法与 strokeRect 方法来填充矩形和绘制矩形边框。即可完成绘制图形。

在画布中绘制图形，可能要涉及的方法如表 13-2 所示。

表 13-2　绘制图形的方法

方　法	功　能
beginPath()	开始绘制路径
arc(x, y, radius, startAngle, endAngleanticlockeise)	x 和 y 定义的是圆的圆点：radius 是圆的半径：startAngle 和 endAngle 是弧度，不是度数；anticlockwise 用来定义画圆的方向，值为 true 或 false
closePath()	结束路径的绘制
fill()	进行填充
strocke()	该方法设置边框

路径是绘制自定义图形的好方法，在 canvas 中，通过 beginPath()方法开始绘制路径，这个时候，就可以绘制直线、曲线等，绘制完成后，调用 fill()和 strock()完成填充和边框设置，通过 closePath()方法结束路径的绘制，如例 13-3 所示。

```
<!--例 13-3-->
<!DOCTYPE html>
<html>
    <body>
        <canvas id="myCanvas" width="200" height="200" style="border: 1px
        solid blue">
```

```
        Your browser does not support the canvas element.
    </canvas>
    <script type="text/javascript">
        var c=document.getElementById("myCanvas");
        var cxt=c.getContext("2d");
        cxt.fillStyle="#FFaa00";
        cxt.beginPath();
        cxt.arc(70,18,15,0,Math.PI*2,true);
        cxt.closePath();
        cxt.fill();
    </script>
  </body>
</html>
```

在上面的 JavaSctipt 代码中，使用 beginPath()方法开启一个路径，然后绘制一个圆形，最后关闭这个路径并填充。运行效果如图 13-3 所示。

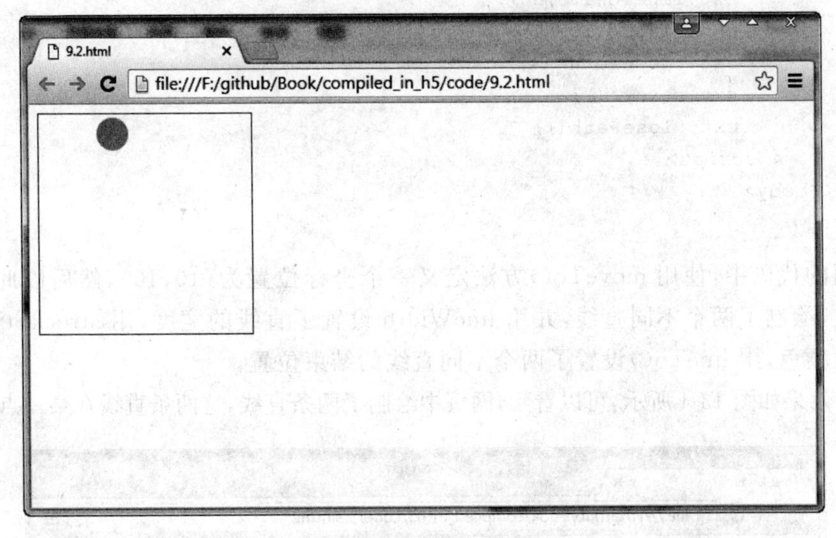

图 13-3 自定义图形

13.1.2 使用 moveTo 与 lineTo 绘制直线

绘制直线常用的方法是 moveTo()和 lineTo()，其含义如表 13-3 所示。

表 13-3 绘制直线的方法和属性

方法和属性	功 能
moveTo(x,y)	不绘制，只是将当前位置移动到新目标坐标(x,y)，并作为线条的开始点
lineTo(x,y)	绘制线条到指定位置的目标坐标(x,y)，并在两个坐标之间画一条直线。不管调用它们哪一个，都不会真正的画出圆形，因为还没有调用 strock 和 fill 函数。当前，只是在定义路径的位置，以便后面绘制时调用
strockStyle	指定线条的颜色
lineWidth	设置线条的粗细

绘制直线如例13-4所示。

```
<!--例 13-4-->
<!DOCTYPE html>
<html>
    <body>
        <canvas id="myCanvas" width="200" height="200" style="border:1px
        solid blue">
            Your browser does not support the canvas element.
        </canvas>
        <script type="text/javascript">
            var c=document.getElementById("myCanvas");
            var cxt=c.getContext("2d");
            cxt.beginPath();
            cxt.strokeStyle="rgb(0,182,0)";
            cxt.moveTo(10,10);
            cxt.lineTo(150,50);
            cxt.lineTo(10,50);
            cxt.lineWidth=14;
            cxt.stroke();
            cxt.closePath();
        </script>
    </body>
</html>
```

上面的代码中,使用moveTo()方法定义一个坐标位置为(10,10),然后以此坐标位置为起点,绘制了两个不同直线,并用lineWidth设置了直线的宽度,用strockStyle设置了直线的颜色,用lineTo()设置了两个不同直线的结束位置。

运行效果如图13-4所示,可以看到,网页中绘制了两条直线,这两条直线在某一点交叉。

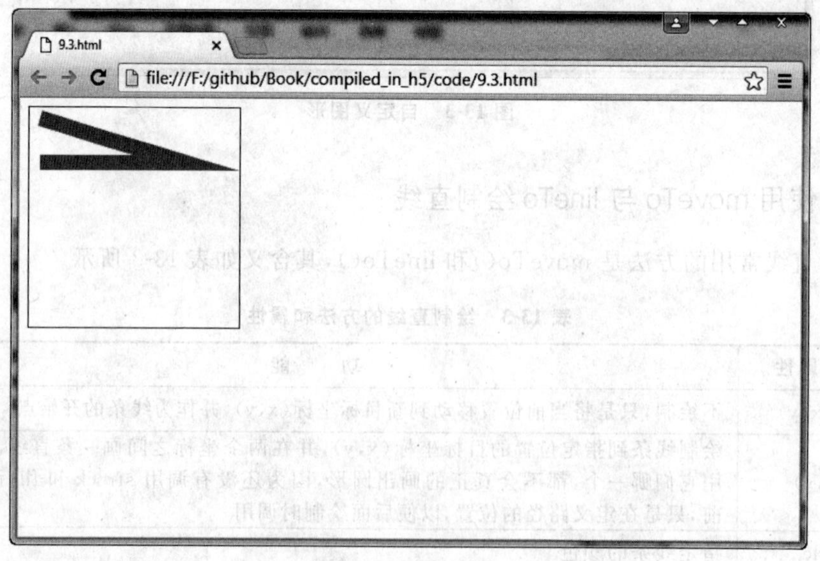

图 13-4　绘制直线

13.1.3 使用 bezierCurveTo 绘制贝塞尔曲线

在数学的数值分析领域中，贝塞尔(bezier)曲线是计算机图形学中相当重要的参数曲线。更高维度的广泛化贝塞尔曲线就称作贝塞尔曲面，其中贝塞尔三角是一种特殊的实例。

bezierCurveTo()方法表示为一个画布的当前子路径添加一条三次贝塞尔曲线，这条曲线的开始点是画布的当前点，而结束点是(x,y)。两条贝塞尔曲线的控制点(cpX1,cpY1)和(cpX2,cpY2)定义了曲线的形状。当这个方法返回的时候，当前的位置为(x,y)。

方法 bezierCurveTo()的具体格式如下：

```
bezierCurveTo(cpX1,cpY1,cpX2,cpY2,x,y)
```

其参数的含义如表 13-4 所示。

表 13-4 贝塞尔曲线

参 数	描 述
cpX1,xpY1	与曲线的开始点(当前位置)相关联的控制点的坐标
cpX2,xpY2	与曲线的结束点相关联的控制点的坐标
x,y	曲线的结束点的坐标

应用如例 13-5 所示。

```
<!--例 13-5-->
<!DOCTYPE html>
<html>
    <head>
        <title>贝塞尔曲线</title>
        <script>
            function draw(id)
            {
                var canvas=document.getElementById(id);
                if(canvas==null)
                return false;
                var context=canvas.getContext('2d');
                context.fillStyle="#eeeeff";
                context.fillRect(0,0,400,300);
                var n=0;
                var dx=150;
                var dy=150;
                var s=100;
                context.beginPath();
                context.globalCompositeOperation='and';
                context.fillStyle='rgb(100,255,100)';
                context.strokeStyle='rgb(0,0,100)';
```

```
                var x=Math.sin(0);
                var y=Math.cos(0);
                var dig=Math.PI/15*11;
                for(var i=0;i<30;i++)
                {
                    var x=Math.sin(i*dig);
                    var y=Math.cos(i*dig);
                    context.bezierCurveTo(
                        dx+x*s,dy+y*s-100,dx+x*s+100,dy+y*s,dx+x*s,dy+y*s);
                }
                context.closePath();
                context.fill();
                context.stroke();
            }
        </script>
    </head>
    <body onload="draw('canvas');">
        <h1>绘制元素</h1>
            <canvas id="canvas" width="400" height="300" />
    </body>
</html>
```

在上面的 draw 函数代码中，首先使用 fillRect(0,0,400,300)语句绘制了一个矩形，其大小与画布相同，填充颜色为浅青色。然后定义了几个变量，用于设定曲线坐标位置，在 for 循环中使用 bezierCurveTo()绘制贝塞尔曲线。运行效果如图 13-5 所示，可以看到，网页中显示了贝塞尔曲线。

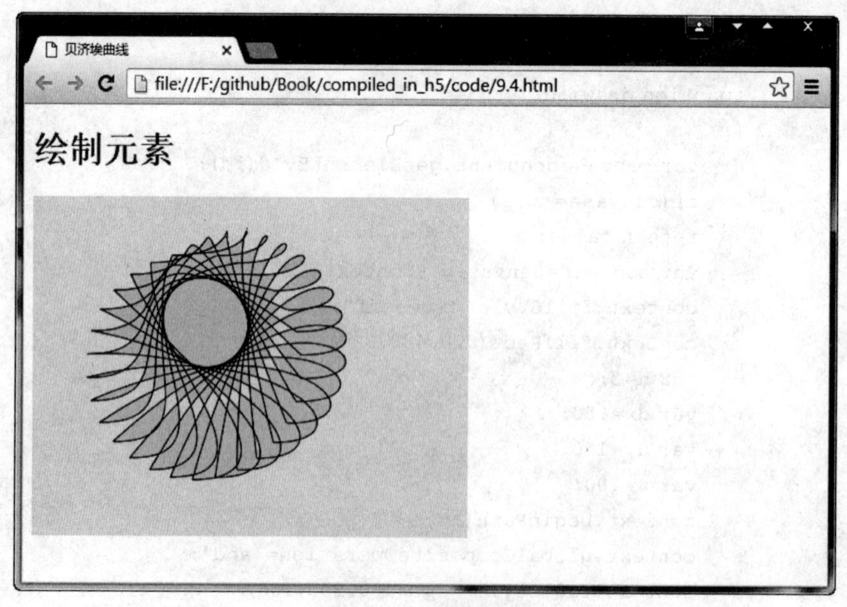

图 13-5 贝塞尔曲线

13.1.4 绘制渐变图形

渐变是两种或更多颜色的平滑过渡，是指在颜色集上使用逐步抽样算法，并将结果用与描述样式和填充样式中。canvas的绘制图上下文支持两种类型的渐变：线性变化和放射性渐变，其中，放射性渐变也称为径向渐变。

1. 绘制线性渐变

创建一个简单的渐变非常容易。使用渐变需要三个步骤。

步骤一，创建渐变对象：

```
var gradient=cxt.createLinearGradient(0,0,canvas.height);
```

步骤二，为渐变对象设置颜色，指明过渡方式：

```
gradient.addColorStop(0,'#fff');
gradient.addColorStop(1,'#000');
```

步骤三，在context上为填充样式或者描边样式设置渐变：

```
cxt.fillStyle=gradient;
```

要设置显示颜色，在渐变对象上使用addColorStop()函数即可。除了可以变换成其他颜色外，还可以为颜色设置alpha值，并且alpha值也是可以变化的。要达到这样的效果，需要使用颜色值的另一种表示方法，例如内置alpha组件的CSSrgba()函数。绘制线性渐变时，会使用如表13-5所示的一些方法。

表13-5 绘制线性渐变的方法

方 法	功 能
addColorStop()	允许指定两个参数：颜色和偏移量。颜色参数是指开发人员希望在偏移位置描边或填充时所使用的颜色。偏移量是一个0.0~1.0之间的数值，带表演者渐变线渐变的距离有多远
createLinearGradient(x0,y0,x1,y1);	沿着直线从(x0,y0)至(x1,y1)绘制渐变

应用如例13-6所示。

```
<!--例13-6-->
<!DOCTYPE html>
<html>
    <head>
        <title>线性渐变</title>
    </head>
    <body>
    <h1>绘制线性渐变</h1>
        <canvas id="canvas" width="400" height="300" style="border:1px solid
        red"/></canvas>
        <script type="text/javascript">
            var c=document.getElementById("canvas");
```

```
            var cxt=c.getContext("2d");
            var gradient=cxt.createLinearGradient(0,0,0,canvas.height);
            gradient.addColorStop(0,'#fff');
            gradient.addColorStop(1,'#000');
            cxt.fillStyle=gradient;
            cxt.fillRect(0,0,400,400);
        </script>
    </body>
</html>
```

上面的代码使用2D环境对象产生了一个线性渐变对象，渐变的起始点是(0,0)，渐变的结束点是(0,canvas.height)，然后使用addColorStop()函数设置渐变颜色，最后将渐变填充到上下文环境的样式中。

运行效果图如图13-6所示，可以看到，在网页中创建了一个垂直方向上的渐变，从上到下颜色之间变深。

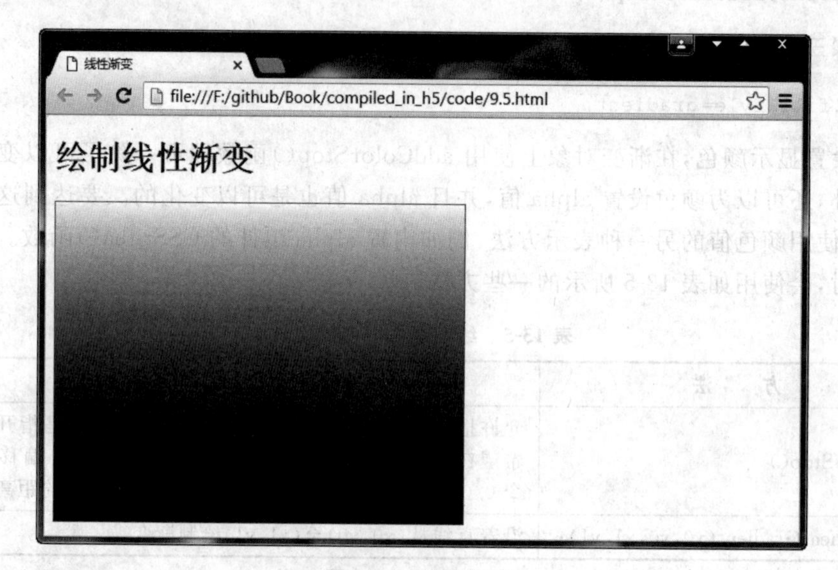

图 13-6 线性渐变

2. 绘制径向渐变

径向渐变即放射性渐变。所谓放射性渐变，就是颜色会介于两个指定圆之间的锥形区域平滑变化。放射性渐变与线性渐变使用的颜色终止点是一样的。如果要实现放射线渐变，即径向渐变，需要使用createRadialGradient()方法。

createRadialGradient(x0,y0,r0,x1,y1,r1)方法表示沿着两个圆之间的锥面绘制渐变。其中前三个参数代表开始的圆，圆心为(x0,y0)，半径为r0。后三个参数代表结束的圆，圆心为(x1,y1)，半径为r1。

应用如例13-7所示。

```
<!--例 13-7-->
<!DOCTYPE html>
```

```
<html>
    <head>
        <title>径向渐变</title>
    </head>
    <body>
        <h1>绘制径向渐变</h1>
        <canvas id="canvas" width="400" height="300" style="border:1px solid
        red"/></canvas>
        <script type="text/javascript">
            var c=document.getElementById("canvas");
            var cxt=c.getContext("2d");
            var gradient=cxt.createRadialGradient(
            canvas.width/2,canvas.height/2,0,canvas.width/2,canvas.height/2,150);
            gradient.addColorStop(0,'#fff');
            gradient.addColorStop(1,'#000');
            cxt.fillStyle=gradient;
            cxt.fillRect(0,0,400,400);
        </script>
    </body>
</html>
```

在上面的代码中，首先创建渐变对象 gradient，使用 createRadialGradient()方法创建一个径向渐变，然后使用 addColorStop()添加颜色，最后将渐变填充到上下文环境中。

运行效果如图 13-7 所示，可以看到，在网页中，从圆的中心亮点开始，向外逐步发散，形成了一个径向渐变。

图 13-7　径向渐变示例

画布 canvas 不但可以使用 moveTo()这样的方法来移动画笔，来绘制图形和线条，还可以使用平移、缩放和旋转来调整画笔下的画布。

13.1.5 绘制平移效果的图形

如果要对图形实现平移，需要使用 translate(x,y)方法，该方法表示在平面上平移，即原来原点为参考系，然后以偏移后的位置作为坐标原点。也就是说，原来在(100,100)，然后 translate(1,1)，新的坐标原点在(101,101)而不是(1,1)。

应用如例 13-8 所示。

```
<!--例 13-8-->
<!DOCTYPE html>
<html>
    <head>
        <title>绘制坐标变换</title>
        <script>
            function draw(id)
            {
                var canvas=document.getElementById(id);
                if(canvas==null)
                    return false;
                var context=canvas.getContext('2d');
                context.fillStyle="#eeeeff";
                context.fillRect(0,0,400,300);
                context.translate(200,50);
                context.fillStyle='rgba(255,0,0,0.25)';
                for(var i=0;i<50;i++){
                    context.translate(25,25);
                    context.fillRect(0,0,100,50);
                }
            }
        </script>
    </head>
    <body onload="draw('canvas');">
        <h1>变换原点坐标</h1>
        <canvas id="canvas" width="400" height="300" /></canvas>
    </body>
</html>
```

在 draw()函数中，使用 fillRect()方法绘制了一个矩形，然后使用 translate()方法平移到一个新的位置，从新的位置开始，使用 for 循环，连续移动多次坐标原点，即多次绘制矩形。运行效果如图 13-8 所示，可以看到，在网页中，从坐标位置(200,50)开始绘制矩形，并以每次指定的平移距离绘制矩形。

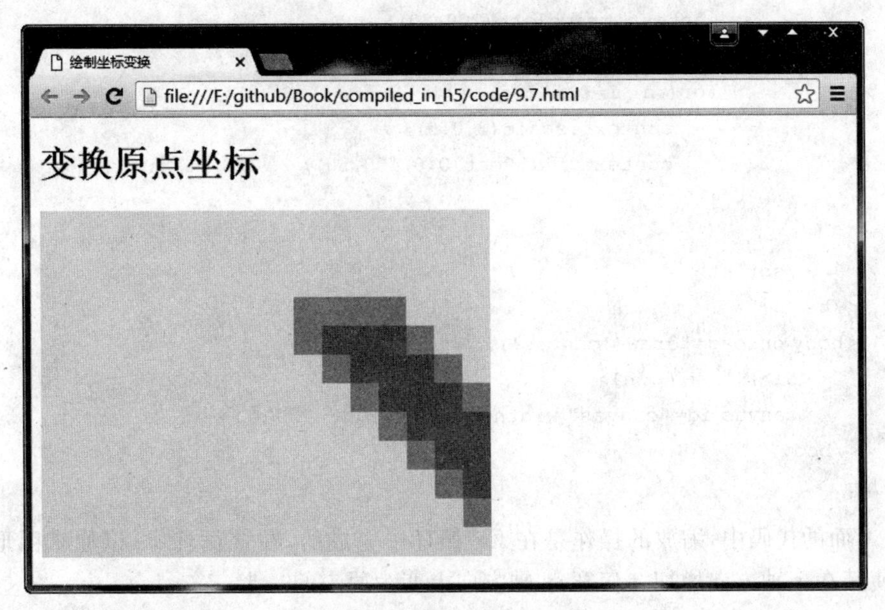

图 13-8 变换原点坐标示例

13.1.6 绘制缩放效果的图形

对于变形图形来说，其中最常用的方式就是对图形进行缩放，即以原来的图形为参考，放大或者缩小图形，从而达到效果。

如果要实现图形缩放，需要使用 scale(x,y)函数，该函数带有两个参数，分别代表 x、y 两个方向上的值。每个参数在 canvas 显示图像的时候，向其传递在本方向轴上图像要放大(或者缩小)的量。如果 x 的值为 2，就代表所绘制的图像中全部都会变成两倍宽。如果 y 的值为 0.5，绘制出来的图像全部元素都会变成先前的一半高。

应用如例 13-9 所示。

```
<!--例 13-9-->
<!DOCTYPE html>
<html>
    <head>
        <title>绘制图形缩放</title>
        <script>
            function draw(id)
            {
                var canvas=document.getElementById(id);
                if(canvas==null)
                    return false;
                var context=canvas.getContext('2d');
                context.fillStyle="#eeeeff";
                context.fillRect(0,0,400,300);
```

```
                context.translate(200,50);
                context.fillStyle='rgba(255,0,0,0.25)';
                for(var i=0;i<50;i++){
                    context.scale(3,0.5);
                    context.fillRect(0,0,100,50);
                }
            }
        </script>
    </head>
    <body onload="draw('canvas');">
        <h1>图形缩放</h1>
        <canvas id="canvas" width="400" height="300" />
    </body>
</html>
```

在上面的代码中，缩放的操作是在 for 循环中完成的，在该循环中，以原来图形为参考物，使其在 x 轴方向增加 3 倍宽，y 轴方向上变为原来的一半。

运行效果如图 13-9 所示，可以看到，在一个指定方向上绘制了多个矩形。

图 13-9　图形缩放示例

13.1.7　绘制旋转效果的图形

变换操作并不限于平移和缩放，还可以使用函数 context.rotate(angle)来旋转图像，甚至可以直接修改底层变换以完成一些高级操作，如剪裁图像的绘制路径。

例如，context.rotate(1.57)表示旋转角度参数以弧度为单位。rotate()方法默认地从左上端的(0,0)开始旋转，通过指定一个角度，改变了画布坐标和 Web 浏览器中的

<canvas>元素的像素之间的映射，使得任意后续绘图在画布中都显示为旋转的。

应用如例 13-10 所示。

```
<!--例 13-10-->
<!DOCTYPE html>
<html>
    <head>
        <title>绘制旋转图像</title>
        <script>
            function draw(id)
            {
                var canvas=document.getElementById(id);
                if(canvas==null)
                    return false;
                var context=canvas.getContext('2d');
                context.fillStyle="#eeeeff";
                context.fillRect(0,0,400,300);
                context.translate(200,50);
                context.fillStyle='rgba(255,0,0,0.25)';
                for(var i=0;i<50;i++){
                    context.rotate(Math.PI/10);
                    context.fillRect(0,0,100,50);
                }
            }
        </script>
    </head>
    <body onload="draw('canvas');">
        <h1>旋转图形</h1>
        <canvas id="canvas" width="400" height="300" />
    </body>
</html>
```

在上面的代码中，使用 rotate()方法，在 for 循环中对多个图形进行了旋转，其旋转角度相同。运行效果如图 13-10 所示，在显示页面上，多个矩形以中心弧度为原点进行了旋转。

注意：这个操作并没有旋转<canvas>元素本身。而且，旋转的角度是用弧度指定的。

13.1.8　绘制组合效果的图形

在前面介绍的知识中，可以将一个图形绘制在另一个之上。大多数情况下，这样是不够的。例如，这样会受制于图形的绘制顺序。不过，可以利用 globalCompositeOperation 属性来改变这些方法，这样不仅可以在已有图形后面再绘制新图形，还可以用来遮盖，清

图 13-10 旋转图形示例

除(比 clearRect 方法强劲得多)某些区域。其语法格式如下所示：

```
globalCompositeOperation=type
```

这表示设置不同形状的组合类型，其中 type 表示方的图形是已经存在的 canvas 内容，圆的图形是新的形状，其默认值为 source_over，表示在 canvas 内容上面绘制新的形状。

type 具有 12 个属性值，具体说明如表 13-6 所示。

表 13-6 type 的属性值

属 性 值	说 明
source-over(default)	这是默认设置，新图形覆盖在原有内容之上
destination-over	在原有内容之下绘制新图形
source-in	新图形仅仅出现在与原有内容重叠的部分，其他区域都变成透明的
destination-in	原有内容中与新图形重叠的部分会被保留，其他区域都变成透明的
source-out	结果是只有新图形与原有内容不重叠的部分会被绘制出来
destination-out	原有内容中与新图形不重叠的部分会被保留
source-atop	原有内容中与新内容重叠会被绘制，并覆盖于原来有内容之上
destination-atop	原有内容中与新内容重叠部分会被保留，并在原有内容之下绘制新图形
lighter	两图形中重叠部分做加色处理
darker	两图形中重叠部分做减色处理
xor	重叠的部分变成透明
copy	只有新图形被保留，其他都被清除掉

应用如例 13-11 所示。

```
<!--例 13-11-->
<!DOCTYPE html>
<html>
    <head>
        <title>绘制图形组合</title>
        <script>
            function draw(id)
            {
                var canvas=document.getElementById(id);
                if(canvas==null)
                    return false;
                var context=canvas.getContext('2d');
                var oprtns=new Array(
                    "source-atop",
                    "source-in",
                    "source-out",
                    "source-over",
                    "destination-atop",
                    "destination-in",
                    "destination-out",
                    "destination-over",
                    "lighter",
                    "copy",
                    "xor"
                );
                var i=10;
                context.fillStyle="blue";
                context.fillRect(10,10,60,60);
                context.globalCompositeOperation=oprtns[i];
                context.beginPath();
                context.fillStyle="red";
                context.arc(60,60,30,0,Math.PI*2,false);
                context.fill();
            }
        </script>
    </head>
    <body onload="draw('canvas');">
        <h1>图形组合</h1>
        <canvas id="canvas" width="400" height="300" />
    </body>
</html>
```

在上面代码中，首先创建一个 oprtns 数组，用于存储 type 的 12 个值，然后绘制了一个矩形，并使用 arc 绘制一张图。

运行效果如图 13-11 所示，在显示页面上绘制了一个矩形和圆，但矩形和圆重叠的地方以空白显示。

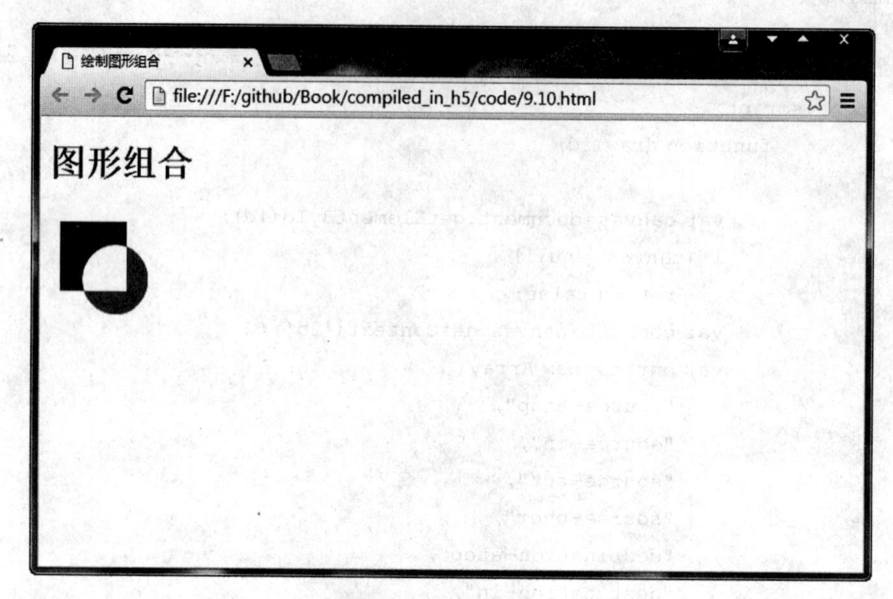

图 13-11 图形组合

13.1.9 绘制带阴影的图形

在画布 canvas 上绘制带有阴影效果的图形非常简单，只需设置几个属性即可。这些属性分别为 shadowOffsetX、shadowOffsetY、shadowBlur 和 shadowColor。

属性 shadowColor 表示阴影的颜色，其值与 CSS 颜色一致。shadowBlur 表示设置阴影模糊程度，此值越大，阴影越模糊。shadowOffsetX 和 shadowOffsetY 属性表示阴影的 x 和 y 偏移量，单位是像素。

应用如例 13-12 所示。

```
<!--例 13-12-->
<!DOCTYPE html>
<html>
    <head>
        <title>绘制阴影效果图形</title>
    </head>
    <body>
        <canvas id="my_canvas" width="200" height="200" style="border:1px
        solid #ff0000"></canvas>
        <script type="text/javascript">
            var elem=document.getElementById("my_canvas");
```

```
            if (elem && elem.getContext) {
                var context=elem.getContext("2d");
                //shadowOffsetX 和 shadowOffsetY 阴影的 x 和 y 偏移量,单位是像素
                context.shadowOffsetX=15;
                context.shadowOffsetY=15;
                //hadowBlur 设置阴影模糊程度。此值越大,阴影越模糊
                context.shadowBlur    =10;
                //shadowColor 阴影颜色
                //context.shadowColor   ='rgba(255, 0, 0, 0.5)';
                context.shadowColor='#f00';
                context.fillStyle     ='#00f';
                context.fillRect(20, 20, 150, 100);
            }
        </script>
    </body>
</html>
```

运行效果如图 13-12 所示,在显示页面上显示了一个蓝色矩形,其阴影为红色矩形。

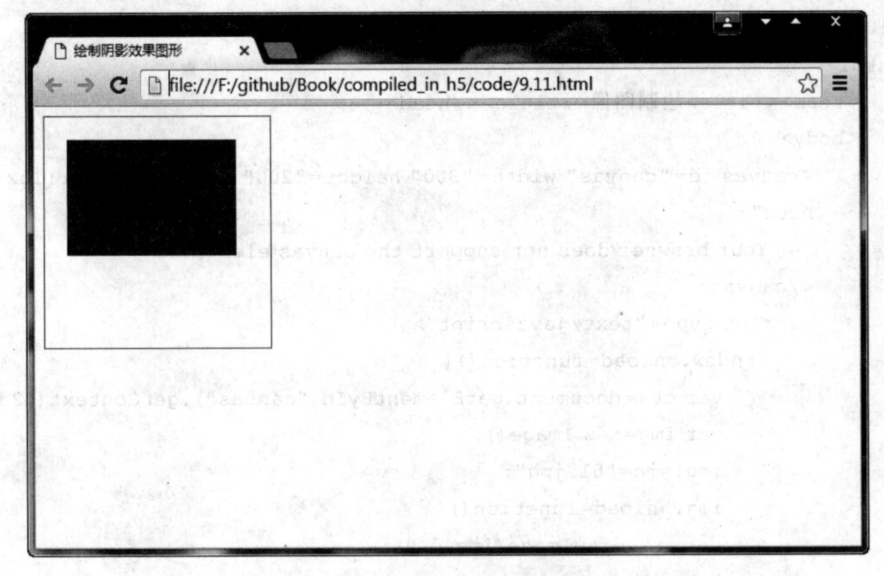

图 13-12　带阴影的图形

13.1.10　使用图像

画布 canvas 有一项功能就是可以引入图像,用于图片合成或者制作背景等。但目前仅可以在图像中加入文字。只要是 Geck 支持的图像(如 PNG、GIF、JPEG 等)都可以引入到 canvas 中,而且其他的 canvas 元素也可以作为图像的来源。

要在画布 canvas 上绘制图像,需要先有一张图片。这个图片可以是已经存在的<img>元素,或者通过 JS 创建。

无论采用哪种方式，都需要在绘制 canvas 之前完全加载这张图片。浏览器通常会在页面脚本执行的同时异步加载图片。如果视图在图片未加载之前就将其呈现在 canvas 上，那么 canvas 将不会显示任何图片。

捕获和绘制图像完全是可以通过 drawImage()方法完成的，它可以接收不同的 HMLT 参数，具体含义如表 13-7 所示。

表 13-7 绘制图像的方法

方法	说明
drawImage(image,dx,dy)	接收一个图片，并将其绘制到 canvas 中。坐标(dx, dy)代表图片的左上角位置
drawImage(image, dx, dy, dw, dh)	接收一个图片，将其缩放为宽度 dw 和高度 dh，然后把它画到 canvas 上的(dx,dy)位置
drawImage(image, sx, sy, sw, sh,dx,dy,dw,dh)	接收一个图片，通过参数(sx,sy,sw,sh)指定图片剪裁的范围，缩放到(dw,dh)大小，最后把它绘制到 canvas 上的(dx,dy)处

应用如例 13-13 所示。

```
<!--例 13-13-->
<!DOCTYPE html>
<html>
    <head><title>绘制图像</title></head>
    <body>
        <canvas id="canvas" width="300" height="200" style="border:1px solid
        blue">
            Your browser does not support the canvas element.
        </canvas>
        <script type="text/javascript">
            window.onload=function(){
                var ctx=document.getElementById("canvas").getContext("2d");
                var img=new Image();
                img.src="01.jpg";
                img.onload=function(){
                    ctx.drawImage(img,0,0);
                }
            }
        </script>
    </body>
</html>
```

在上面的代码中，使用窗口的 onload 加载事件，即在页面被加载时执行函数。在函数中，创建上下文对象 ctx，并创建 Image 对象 img；然后使用 img 对象的 src 属性设置图片来源，最后使用 drawImage 画出当前的图像。

运行效果如图 13-13 所示，页面上绘制了一个图像，并且在画布中显示。

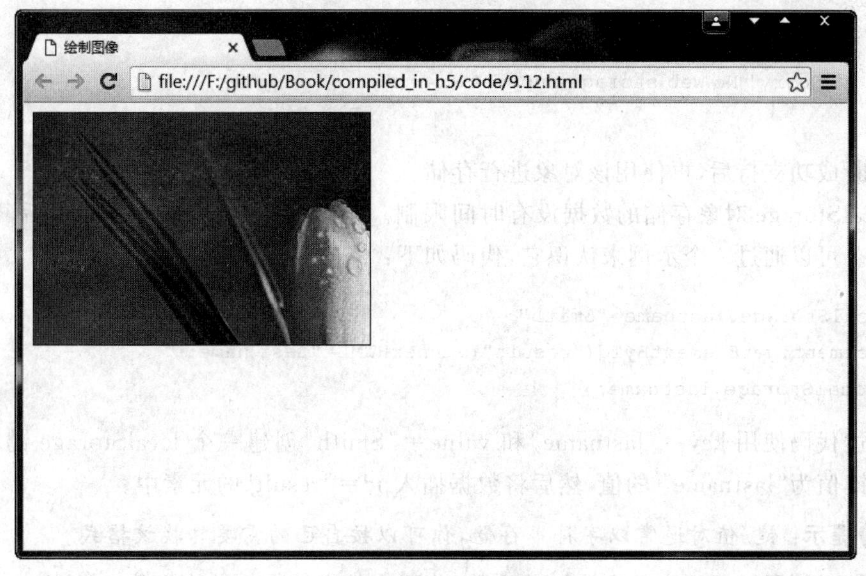

图 13-13 使用图像

13.2 本地存储

在本节中，将介绍 HTML5 中与本地存储相关的两个内容——Web 存储与本地数据库。其中，Web 存储机制是对存储机制的一个很大的改善。原先的 Cookies 存储有很多的缺陷，HTML5 不再使用它，转而使用改良后的 Web 存储机制。本地数据库是 HTML5 新增的一个功能，使用它可以在客户端本地建立一个数据库，原本必须要保存在服务器端数据库中的内容现在可以直接保存在客户端了，这大大减轻了服务器端的负担，同时也加快了访问数据的速度。

13.2.1 Web 存储

Web 存储（Web storage）是 HTML5 另一个新增的非常重要的元素，可以实现将页面上的数据进行本地存储，并能读取存储的数据并显示在页面上，主要有 localStorage 和 sessionStorage 两个对象。

- localStorage：没有时间限制的数据存储。
- sessionStorage：针对一个 session 的数据存储。

在使用 Web 存储前，应检查浏览器是否支持 localStorage 和 sessionStorage，格式如下：

```
if(typeof(Storage)!=="undefined")
{
    //Yes! localStorage and sessionStorage support!
    //Some code.....
}
```

```
else
{
    //Sorry! No web storage support..
}
```

判断成功支持后，再使用该对象进行存储。

localStorage 对象存储的数据没有时间限制。第二天、第二周或下一年之后，数据依然可用。可以通过一个示例来认识它，代码如下：

```
localStorage.lastname="Smith";
document.getElementById("result").innerHTML="Last name: "
+localStorage.lastname;
```

上述代码使用 key="lastname" 和 value="Smith" 创建一个 localStorage 键/值对，以检索键值为"lastname" 的值，然后将数据插入 id="result"的元素中。

提示：键/值对通常以字符串存储，你可以按自己的需要转换该格式。

下面示例展示了用户单击按钮的次数，代码中的字符串值转换为数字类型：

```
if (localStorage.clickcount)
{
    localStorage.clickcount=Number(localStorage.clickcount)+1;
}
else
{
    localStorage.clickcount=1;
}
document.getElementById("result").innerHTML="You have clicked the button "+
localStorage.clickcount+" time(s).";
```

sessionStorage()方法针对一个 session 进行数据存储。当用户关闭浏览器窗口后，数据会被删除，代码如下：

```
if (sessionStorage.clickcount)
{
    sessionStorage.clickcount=Number(sessionStorage.clickcount)+1;
}
else
{
    sessionStorage.clickcount=1;
}
document.getElementById("result").innerHTML="You have clicked the button "+
sessionStorage.clickcount+" time(s) in this session.";
```

下面通过一个简单的小程序，来了解 localStorage 和 sessionStorage 的区别。

应用如例 13-14 所示。

```
<!--例 13-14-->
<!DOCTYPE HTML>
<html>
    <head>
        <meta charset="utf-8" />
        <title>HTML5 Web Storage Demo</title>
        <script type="text/javascript">
            function $(id){ return document.getElementById(id);}
            function savesessionStorage (id) {sessionStorage. setItem ('message',
            $(id).value);}
            function loadsessionStorage(id){$(id).innerHTML=sessionStorage.
            getItem("message");}
            function savelocalStorage (id) {localStorage. setItem ("message",
            $(id).value);}
            function loadlocalStorage (id) {$(id). innerHTML = localStorage.
            getItem("message");}
        </script>
    </head>
    <body>
        <div>
            <h2>sessionStorage Demo</h2>
            <p id="sessionMsg"></p>
            <input type="text" id="sessionInput" />
            <input type="button" value="保存数据" onclick="savesessionStorage
            ('sessionInput');" />
            <input type="button" value="读取数据" onclick="loadsessionStorage
            ('sessionMsg');" />
            <br />
            <h2>localStorage Demo</h2>
            <p id="localMsg"></p>
            <input type="text" id="localInput" />
            <input type="button" value="保存数据" onclick="savelocalStorage
            ('localInput');" />
            <input type="button" value="读取数据" onclick="loadlocalStorage
            ('localMsg');" />
        </div>
    </body>
</html>
```

13.2.2 使用本地数据库进行本地存储

在HTML5中内置了两种本地数据库，一种是SQLLite，可以通过SQL语言来访问文件型SQL数据库；另外一种是称为indexDB的NoSQL类型的数据库。

对于SQLLite离线数据库，W3C的WebDatabase规范声明不再维护它了，取而代之的是 indexedDB，因此本书不再讲述，读者知道有该数据库即可。

indexedDB 对创建具有本地存储数据的离线 HTML5 Web 应用程序很有用。同时它还有助于本地缓存数据，使在线 Web 应用程序(比如移动 Web 应用程序)能够更快地运行和响应。接下来将介绍如何操作 indexedDB 数据库。

在使用 indexDB 数据库时，应首先连接某个 indexedDB 数据库，可以通过 open()方法打开一个数据库：

```
var object=indexedDB.open(dbName,dbVersion);
```

主要有两个参数，第一个参数为一个字符串，代表数据库名；第二个参数值为一个无符号长整型数值，代表数据库的版本号。open()方法会返回一个 IDBOpenDBRequers 对象，代表一个请求连接数据库的请求对象。

下面先连接一个 indexDB 数据库，如例 13-15 所示。

```
<!--例 13-15-->
<!DOCTYPE html>
<html lang="en">
    <head>
        <meta charset="UTF-8">
        <title>连接 indexDB 数据库</title>
        <script>
            window.indexedDB=window.indexedDB || window.mozIndexedDB || window.
            webkitIndexedDB || window.msIndexedDB;
            window.IDBTransaction=window.IDBTransaction || window.
            webkitIDBTransaction || window.msIDBTransaction;
            window.IDBKeyRange=window.IDBKeyRange || window.webkitIDBKeyRange ||
            window.msIDBKeyRange;
            window.IDBCursor=window.IDBCursor || window.webkitIDBCursor ||
            window.msIDBCursor;
            function connectDatabase() {
                var dbName='indexedDBTest';        //数据库名
                var dbVersion=20160514;            //版本号
                var idb;
                var dbConnect=indexedDB.open(dbName,dbVersion);
                dbConnect.onsuccess=function(e){   //连接成功
                    idb=e.target.result;
                    alert('数据库连接成功');
                };
                dbConnect.onerror=function(){
                    alert('数据库连接失败');
                };
            }
        </script>
    </head>
```

```
    <body>
        <input type="button" value="连接数据库" onclick="connectDatabase();">
    </body>
</html>
```

上述代码先使用 open()方法连接数据库，然后使用 IDBOpenDBRequers 对象的 onsuccess 事件与 onerror 事件来分别定义数据库连接成功时与数据库连接失败时所需执行的事件处理函数。

运行上面示例代码，单击“连接数据库”按钮，连接成功会弹出页面提示信息，如图 13-14 所示。

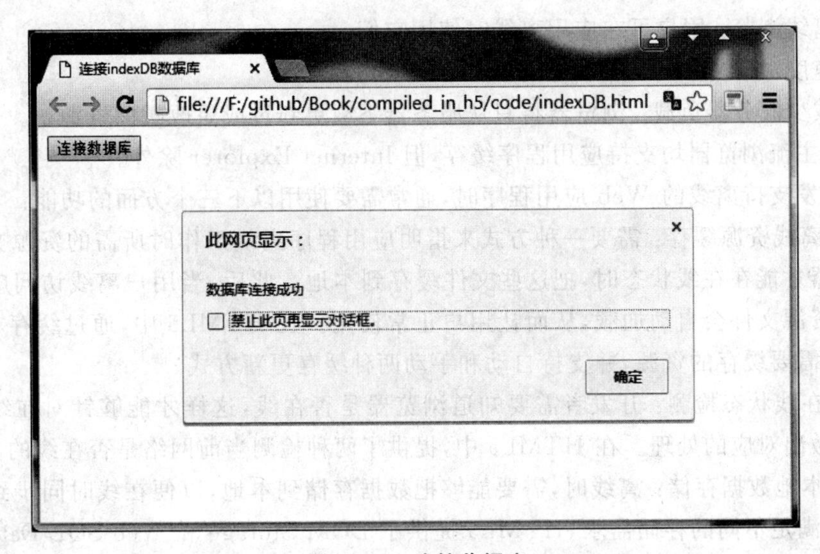

图 13-14　连接收据库

如果需要删除现有数据库，可以调用 deleteDatabase 方法，并传递要删除的数据库名称，代码如下：

```
function deleteDatabase() {
    var deleteDbRequest=localDatabase.indexedDB.deleteDatabase(dbName);
    deleteDbRequest.onsuccess=function (event) {
        //database deleted successfully
    };
    deleteDbRequest.onerror=function (e) {
        console.log("Database error: "+e.target.errorCode);
    };
}
```

IndexedDB API 非常强大，可以使用它创建具有丰富本地存储数据的数据密集型应用程序(尤其是离线的 HTML5 Web 应用程序)。还可以使用 indexedDB API 将数据缓存到本地，使传统的在线 Web 应用程序(尤其是移动 Web 应用程序)能够更快地运行和响应，从而消除每次从 Web 服务器检索数据的需求。例如，可以将选择列表的数据缓存在 indexedDB 数据库中。

本节简要介绍 indexedDB 数据库,可以使用本节的概念构建利用 indexedDB API 的离线应用或移动 Web 应用程序。

13.3 离线缓存

HTML5 引入了应用程序缓存,这意味着 web 应用可进行缓存,并可在没有因特网连接时进行访问。

应用程序缓存有三个优势:

- 离线浏览:用户可在应用离线时使用它们。
- 速度:已缓存资源加载得更快。
- 减少服务器负载:浏览器将只从服务器下载更新过或更改过的资源。

所有主流浏览器均支持应用程序缓存,但 Internet Explorer 除外。

在开发支持离线的 Web 应用程序时,通常需要使用以下三个方面的功能:

(1) 离线资源缓存:需要一种方式来指明应用程序离线工作时所需的资源文件。这样,浏览器才能在在线状态时,把这些文件缓存到本地。此后,当用户离线访问应用程序时,这些资源文件会自动加载,从而让用户正常使用。在 HTML5 中,通过缓存 manifest 文件指明需要缓存的资源,并支持自动和手动两种缓存更新方式。

(2) 在线状态检测:开发者需要知道浏览器是否在线,这样才能够针对在线或离线的状态,做出对应的处理。在 HTML5 中,提供了两种检测当前网络是否在线的方式。

(3) 本地数据存储:离线时,需要能够把数据存储到本地,以便在线时同步到服务器上。为了满足不同的存储需求,HTML5 提供了 DOM Storage 和 Web SQL Database 两种存储机制。前者提供了易用的 key/value 对存储方式,而后者提供了基本的关系数据库存储功能。

13.3.1 建立一个应用缓存

为了能够让用户在离线状态下继续访问 Web 应用,开发者需要提供一个缓存 manifest 文件。这个文件中列出了所有需要在离线状态下使用的资源,浏览器会把这些资源缓存到本地。

如需启用应用程序缓存,首先需要在文档的<html>标签中设置 manifest 属性。

```
<!DOCTYPE HTML>
<html manifest="demo.appcache">
    ...
</html>
```

每个指定了 manifest 的页面在用户对其访问时都会被缓存。如果未指定 manifest 属性,则页面不会被缓存(除非在 manifest 文件中直接指定了该页面)。manifest 文件的建议文件扩展名是.appcache。同时 manifest 文件需要配置正确的 MIME-type,类型为"text/cache-manifest",该设置必须在 Web 服务器上进行。

13.3.2 配置 manifest 文件

manifest 文件是简单的文本文件，它告知浏览器被缓存的内容(以及不缓存的内容)。

manifest 文件可分为三个部分：

(1) CACHE MANIFEST：在此标题下列出的文件将在首次下载后进行缓存。

(2) NETWORK：在此标题下列出的文件需要与服务器的连接，且不会被缓存。

(3) FALLBACK：在此标题下列出的文件规定当页面无法访问时的回退页面(比如 404 页面)。

下面分开介绍这三部分内容。

第一行 CACHE MANIFEST 是必需的：

```
CACHE MANIFEST
/theme.css
/logo.gif
/main.js
```

上面的 manifest 文件列出了三个资源：一个 CSS 文件，一个 GIF 图像，以及一个 JavaScript 文件。当 manifest 文件加载后，浏览器会从网站的根目录下载这三个文件。然后，无论用户何时与因特网断开连接，这些资源依然是可用的。

下面的 NETWORK 规定文件 login. asp 永远不会被缓存，且离线时是不可用的：

```
NETWORK:
login.asp
```

可以使用星号来指示所有其他资源/文件都需要因特网连接：

```
NETWORK:
*
```

下面的 FALLBACK 规定如果无法建立因特网连接，则用 offline. html 替代/html5/目录中的所有文件：

```
FALLBACK:
/html5/ /404.html
```

这里写了两个 URL，主要原因是第一个 URL 是资源，第二个是替补。

将三部分内容，顺序写入，就是一个完整的 manifest 文件，代码如下。

```
CACHE MANIFEST
#2012-02-21 v1.0.0
/theme.css
/logo.gif
/main.js

NETWORK:
login.asp
```

```
FALLBACK:
/html5/ /404.html
```

在上述的代码中，可能会发现这样一行：

```
#2012-02-21 v1.0.0
```

在这里以"#"开头的是注释行，但也可满足其他用途。应用的缓存会在其 manifest 文件更改时被更新。如果编辑了一幅图片，或者修改了一个 JavaScript 函数，这些改变都不会被重新缓存。更新注释行中的日期和版本号是一种使浏览器重新缓存文件的办法。

一旦文件被缓存，则浏览器会继续展示已缓存的版本，即使修改了服务器上的文件也是如此。为了确保浏览器更新缓存，也需要更新 manifest 文件。一般浏览器对缓存数据的容量限制可能不太一样(某些浏览器设置的限制是每个站点 5MB)。

13.3.3 更新缓存

应用程序可以等待浏览器自动更新缓存，也可以使用 JavaScript 接口手动触发更新。

(1) 自动更新。浏览器除了在第一次访问 Web 应用时缓存资源外，只会在缓存 manifest 文件本身发生变化时更新缓存。而缓存 manifest 中的资源文件发生变化并不会触发更新。

(2) 手动更新。开发者也可以使用 window. applicationCache 的接口更新缓存。方法是检测 window. applicationCache. status 的值，如果是 UPDATEREADY，那么可以调用 window. applicationCache. update()。

更新缓存，代码如下：

```
if (window.applicationCache.status==window.applicationCache.UPDATEREADY)
{
    window.applicationCache.update();
}
```

这样，当服务器端更新内容时，客户端缓存内容也会发生改变。

13.4 地理位置

地理位置(Geolocation)是 HTML5 的重要特性之一，本节将介绍如何使用地理位置 API 来获取用户的地理位置信息，从而借助这一功能开发基于位置信息的应用。

13.4.1 地理位置元素的基础知识

在访问位置信息前，浏览器都会询问用户是否共享其位置信息，以 Chrome 浏览器为例，如果允许 Chrome 浏览器与网站共享位置，Chrome 浏览器会向 Google 位置服务发送本地网络信息，确定所在的位置。然后，浏览器会与请求使用位置的网站共享位置。

HTML5 地理位置 API 使用非常简单，基本调用方式如下：

```
if (navigator.geolocation) {
    navigator.geolocation.getCurrentPosition(locationSuccess, locationError,{
        //指示浏览器获取高精度的位置,默认为 false
    enableHighAccuracy: true,
        //指定获取地理位置的超时时间,默认不限时,单位为毫秒
    timeout: 5000,
        //最长有效期,在重复获取地理位置时,此参数指定多久再次获取位置
    maximumAge: 3000
    });
}else{
    alert("Your browser does not support Geolocation!");
}
```

同时 geolocation 用于获取基于浏览器的当前用户地理位置,提供了如下 3 个方法:

```
void getCurrentPosition(onSuccess,onError,options);
//获取用户当前位置

int watchCurrentPosition(onSuccess,onError,options);
//持续获取当前用户位置

void clearWatch(watchId);
//watchId 为 watchCurrentPosition 返回的值
//取消监控
```

locationError 和 locationSuccess 两个回调函数可以在获取位置信息后执行相应的操作。如当获取位置信息失败时,可以根据错误类型提示信息,代码如下:

```
locationError: function(error){
    switch(error.code) {
        case error.TIMEOUT:
            showError("A timeout occured! Please try again!");
            break;
        case error.POSITION_UNAVAILABLE:
            showError('We can\'t detect your location. Sorry!');
            break;
        case error.PERMISSION_DENIED:
            showError('Please allow geolocation access for this to work.');
            break;
        case error.UNKNOWN_ERROR:
            showError('An unknown error occured!');
            break;
    }
}
```

当获取位置信息成功时，返回的数据中包含经纬度等信息，结合 Google Map API 即可在地图中显示当前用户的位置信息，代码如下：

```
locationSuccess: function(position){
    var coords=position.coords;
    var latlng=new google.maps.LatLng(
        //维度
        coords.latitude,
        //精度
        coords.longitude
    );
    var myOptions={
        //地图放大倍数
        zoom: 12,
        //地图中心设为指定坐标点
        center: latlng,
        //地图类型
        mapTypeId: google.maps.MapTypeId.ROADMAP
    };
    //创建地图并输出到页面
    var myMap=new google.maps.Map(
    document.getElementById("map"),myOptions
    );
    //创建标记
    var marker=new google.maps.Marker({
        //标注指定的经纬度坐标点
        position: latlng,
        //指定用于标注的地图
        map: myMap
    });
    //创建标注窗口
    var infowindow=new google.maps.InfoWindow({
        content:"您在这里<br/>纬度:"+
        coords.latitude+"<br/>经度:"+coords.longitude
    });
    //打开标注窗口
    infowindow.open(myMap,marker);
}
```

需要注意的是，位置服务用于确定所在位置的本地网络信息包括：有关可见 Wi-Fi 接入点的信息(包括信号强度)、有关本地路由器的信息、计算机的 IP 地址。位置服务的准确度和覆盖范围因位置不同而异。

13.5 本章小结

本章主要介绍了画布canvas元素的使用，以及使用Web Storage对象或者本地数据库实现本地存储功能，之后介绍的离线缓存和地理位置技术可以帮助构建Web App程序。